U0574854

# 数字化供电所
## 综合柜员业务能力提升
### 培训教材

国网吉林省电力有限公司　组编

颜　佳　主编

中国电力出版社
CHINA ELECTRIC POWER PRESS

**图书在版编目（CIP）数据**

数字化供电所综合柜员业务能力提升培训教材 / 国
网吉林省电力有限公司组编；颜佳主编. -- 北京 : 中
国电力出版社，2025. 4. -- ISBN 978-7-5198-9139-8

Ⅰ. TM7

中国国家版本馆 CIP 数据核字第 20240ZY569 号

出版发行：中国电力出版社
地　　址：北京市东城区北京站西街 19 号（邮政编码 100005）
网　　址：http://www.cepp.sgcc.com.cn
责任编辑：雍志娟
责任校对：黄　蓓　常燕昆
装帧设计：郝晓燕
责任印制：石　雷

印　　刷：三河市万龙印装有限公司
版　　次：2025 年 4 月第一版
印　　次：2025 年 4 月北京第一次印刷
开　　本：710 毫米×1000 毫米　16 开本
印　　张：17.25
字　　数：347 千字
定　　价：120.00 元

# 序

    国家电网有限公司党组认真贯彻党中央"二十大"精神和决策部署，顺应时代发展和形势变化，扛起使命担当持续奋进的责任，提出"建设具有中国特色国际领先的能源互联网企业"战略目标，为公司高质量发展指明了方向。公司作为关系国家能源安全和国计民生的国有重点骨干企业，是服务保障吉林民生和经济社会发展的重要力量，必须坚持人民电业为人民的企业宗旨，认真践行国网战略，用一流服务当好吉林经济社会发展的"先行官"，架好党和人民群众的"连心桥"，全面助力吉林省乡村振兴。

    供电所是公司服务千家万户用电的最前沿，承担着守护万家灯火的重大责任。为精准指导数字化建设完成后供电所各岗位日常工作，持续提升技能等级水平，加快实现服务品质领先、品牌价值领先，公司在认真总结实践经验的基础上，组织编写了《数字化供电所综合柜员业务能力提升培训教材》，主要分为数字化供电所建设概述、综合柜员岗位人员技能提升应知应会、营销数字化平台应用、能源互联网营销服务系统（营销 2.0）应用、营销 2.0 移动作业应用 5 章，涵盖了营销管理、客户服务、供电所数字化建设、营销 2.0 业务应用操作、营销 2.0 移动作业等方面内容，为供电所综合柜员岗位人员进行自学、培训以及日常工作提供方便。

    由于编写时间仓促，难免有疏漏不足之处，希望大家在实际应用中多提宝贵意见，以便进一步完善手册内容。

作  者

# 目　录

# 第一章 概　　述

## ● 第一节 背 景 概 述 ●

供电所是国家电网有限公司战略实施的基本作战单元，是公司为民服务的最前沿，是展示公司品牌形象的重要窗口。国家电网有限公司党组高度重视供电所建设，"十三五"以来完成166个县公司上划，建成覆盖乡村全域的15万个供电服务网格，建成600个五星级乡镇供电所，开展"六个一"工程，推进"五小"建设，各项工作取得明显成效。

近年来，全球能源形势发生了深刻变化，新能源的快速发展和传统能源的逐渐枯竭使得电力系统的运行和管理面临前所未有的挑战。同时，互联网、大数据、人工智能等新兴技术的快速发展，为电力系统的智能化提供了有力支撑。县公司、供电所作为末端管理环节、电网生产业务密集区和客户服务前沿阵地，其数字化建设是国网公司战略落地的具体表现，也是县公司、供电所自身运营管理转型提升的必然趋势。在这种背景下，供电所数字化转型已经成为电力行业发展的必然趋势。

供电所数字化转型过程中还存在管理、系统、人员、考核、服务等各方面问题，缺乏"一杆到底"的有效管理手段。在各项管理推进上存在"六难"情况。

问题1：业务协调差、工作闭环难。各项协同机制由于缺乏规范，班组推诿、职责不清、层级过多、效率低下等原因使各项机制难以落地，致使部分工作难以闭环，工作质量得不到保证。

问题2：系统多元化、数据应用难。各种数据重复统计，历史数据难以查询，管理数据难以分析，数据来源多口录入，数据不一致，致使工作效率低、数据应用难。

问题3：数字素养低、观念转变难。在工作中一线员工缺乏对数字分析应用，不能从数字变化中分析查找问题，指标任务不明确、制定不科学，短板指标不溯源，致使管理粗放，管理向数字化转变任重道远。

问题4：资料台账多、工作减负难。各专业工作要求和资料繁多，台账记录编制不实，各项工作烦琐复杂，缺乏有效技术手段，缺乏新技术应用，造成各项工作负担重、减负难。

问题5：指标维度多、精准考核难。各项管理指标多元，服务需求多样，供电所存在考核方式粗放、针对性不强、奖励金额分散、规则不精准，不能发挥考核指挥棒作用，缺乏有效激励，长期形成干好干坏一样、干多干少一样的工作氛围，没有工作积极性，缺乏岗位吸引，致使各项管理成效不大。

问题6：服务互动少、投诉压降难。随着人民生活对电力需求的依赖程度越来越高，客户对电力服务需求发生了质的变化，在服务渠道、服务效率、服务品质等各方面都提出了多元化诉求，对相关信息披露、服务事件处理时效、服务规范感知要求越来越高，而供电所在日常服务事件处理上沟通渠道单一、技术支撑手段有限，致使难以和客户实行互动造成客户投诉、意见多，投诉压降难。

供电所是供电系统的重要组成部分，它在人们的日常生活中发挥着重大作用，供电所的管理工作是一个复杂的系统工作，涉及许多方面，需要各个部门互相配合才能完成工作。相关管理工作人员要不断地提高自己的素养，加强服务意识。县级供电所的管理工作是一个循序渐进的过程，要不断地研究探索，逐步做好各项工作，使我国的电业健康、稳定的向前发展。

## ● 第二节 数字化供电所建设成果 ●

### 一、建设情况

#### 数字化供电所建设思路

以统筹乡镇供电所管理提升工作安排，贯彻公司"三融三化"工作要求，落实数字赋能基层减负工作部署，坚持问题导向、需求导向，立足全网赋能、跨融结合、作业变革，以夯实数字化基础、提升数字化支撑能力为两条主线，加强账号、平台、工单、终端、工具等基础建设，以管理、内勤、外勤为服务对象，聚焦供电所指标管理难、重复工作多、冗余操作多、线下流转多等问题，开展供电所高频业务场景的数字化建设应用，激活供电所数字引擎动力，实现供电所业务自动化、作业移动化、服务互动化、资产可视化、管理智能化和装备数字化"六化"目标，全面支撑供电所作业能力和管理水平提升。

#### 数字化供电所建设标准

围绕供电所数字化基础底座、管理看板应用、内勤作业应用、外勤作业应用共24项重点任务及场景，制定基础型、标准型、示范型建设标准，进一步推动业务自动化、作业移动化、服务互动化、资产可视化、管理智能化、装备数字化目标落地。

基础型：供电所各类员工账号全面配置，基本实现供电所常用系统在数字化供电所全业务平台单点登录、一键跳转，完成供电所 70%工单在工单池集中展示，60%及以上现场作业工作可通过个人手机完成，至少配置一套 RPA 工具、建设一个 RPA 应用，建设并应用 4 个及以上高频场景应用，促进供电所业务自动化、作业移动化、管理智能化落地。

标准型：完成全部供电所涉及系统在数字化供电所全业务平台单点登录、一键跳转，供电所涉及全部工单在工单池集中展示、提醒、闭环管控，应用"个人手机＋背夹"工作模式完成供电所全部现场作业工作，建设并应用 15 个及以上高频场景应用，提升供电所业务自动化、作业移动化、管理智能化水平，促进服务互动化落地。

示范型：完成管理、内勤、外勤全部 19 个业务场景建设应用，探索配置供电服务记录仪、数字库房等设施装备，促进供电所资产可视化、装备数字化落地。

数字化供电所建设标准中，对一账号、一平台、一工单、一终端和一工具分别提出了不同要求。其中，对于不同类型的数字化供电所，一终端的建设目标为：

基础性供电所 60%及以上现场作业可通过个人手机完成。

标准型供电所应用"个人手机＋背夹"工作模式可完成全部供电所现场作业工作。

示范型供电所在标准型建设完成的基础上配置供电服务记录仪等数字化装备。

## 数字化供电所建设效果

国网吉林省电力有限公司按照《国网营销部关于印发数字化供电所试点建设工作方案的通知》（营销综〔2021〕58 号）工作部署，重点围绕五个一数字化基础底座和 19 个高频场景应用（7 个管理看板、4 个管理画像，2 个内勤助手、6 个现场一键作业）开展建设，统筹推进数字化供电所建设工作。

### （一）五个一数字化基础底座

在一账号建设方面：重点开展了梳理组织架构、配置统一权限、建立统一账号、管理统一账号等工作，解决了供电所全部在编人员、劳务派遣人员与外协人员，在统一权限管理平台（ISC）有唯一系统登录账号，实现一账号登录常用业务系统，解决"一人多账号、多人一账号"问题。

在一平台建设方面：建设了营销数字化平台，集成供电所各专业常用系统，贯通各专业数据，通过"一账号"在"一平台"实现多系统单点登录、跨系统数据共享，解决供电所多系统重复登录及数据"烟囱"问题。

在一工单建设方面：依托营销数字化平台打造了工单管理（工单池），自建了 4 类 30 种所务工单，并汇集系统计划、所务临时、预警督办、95598 服务等 4 类工单，服务于供电所内勤、外勤和管理人员，具备工单展示、查询、派发、召回、转派、预警、评价功能，实现供电所全部业务以工单驱动、留痕、评价。

在一终端建设方面：基于 i 国网微服务技术架构，将营销移动作业微应用从营销现场作业平台迁移至 i 国网。依托手机背夹硬件支持，融合语音识别、OCR 识别、电子签名等技术，实现以"手机 + 背夹"模式为载体的现场业务"一终端"办理。减少现场作业设备携带数量，提升业务响应能力。

在一工具建设方面：基于公司机器人流程自动化（RPA）工具平台，借鉴营销专业机器人流程自动化（RPA）应用优秀成果，开展 RPA 场景建设，推进 RPA 技术在供电所的落地应用，切实为基层减负。

## （二）看板画像

开发了供电所全景化数字看板、综合管理看板、量价费看板、客户服务看板、计量采集看板、设备运维看板、资产物料看板、供电所画像、员工画像、客户画像和台区画像等 7 个看板 4 个画像工具，对安全生产、客户服务、营销生产核心业务指标汇集展示，辅助管理人员精准定位供电所运营短板，高效指挥内外勤人员开展日常业务，支撑供电所经营决策、服务提升。

## （三）内勤作业应用

在绩效助手方面，依据供电所绩效评价方案及评价细则，以供电所工单数据为基础，细化绩效评价影响因素，设置积分权重，开展供电所及员工绩效线上自动评价。

在催费助手方面，依托费控系统满足客户经理多维度查询欠费明细，制定客户电费标签，客制化催费策略，系统根据催费策略将欠费明细清单发送至短信平台，支撑催费工作千人千面，重点客户重点关注。

## （四）六个现场一键作业

按照国网公司围绕数据赋能、现场减负、移动增效的总体目标，根据"因地制宜"和"复用现有信息化建设成果"的原则，整合营销、设备、安监等各专业系统后台，依托 i 国网微服务技术架构，基于"手机＋背夹"的工作模式，增加"点、选、扫、拍、签"等功能，完成"一键查询、一键装拆、一键过户、一键预警、一键调试、一键扫码"六项现场作业高频业务场景建设。

在一键查询方面，通过手机端快速查询用户、指标、设备、知识政策、工单等信息，提升现场信息获取效率。

在一键装拆方面，通过手机端实现计量新旧设备信息自动录入、自动归档，减少因手工录入造成的计费差错，减少纸质单据携带，避免内勤数据重复录入。

在一键过户方面，通过手机端实现勘察收资、档案变更、批量过户一次完成，减环节、减材料、减时长，进一步优化电力营商环境。

在一键预警方面，通过手机端实现客户诉求、客户用电、台区运营、工单办理等各业务环节风险智能研判、主动预警，提升业务响应能力。

在一键调试方面，通过手机端实现调试任务自动下发、采集系统远程召测、现场调试组网，提高设备调试效率。

在一键扫码方面，通过客户手机端实现扫码用电、扫码交费、扫码排队、扫码业务办理；在台区经理手机端实现扫码认证、扫码收费、扫码代办业务，提升客户服务水平，降低基层业务办理难度。

## 二、建设成效

一账号方面，完成账号统一建立、统一配置、统一管理改造，完成 560 个供电所共计 8165 个账号的权限的配置。

一平台方面，完成营销数字化平台建设，贯通营销、生产、后勤、人资等专业 11 个供电所常用系统，有效解决了供电所员工多系统重复登录问题。

一工单方面，全省 530 家供电所累计发起线上工单共计 259951 个。

一终端方面，完成营销普查、工单受理、欠费查询等 23 个 i 国网微应用的建设，全省 560 个供电所累计使用 75606 人次。

一工具方面，从供电所急需解决的问题中确定了复电自动监控及提醒、台区线损异常指标监控、工单超期预警监测、采集数据漏抄查询补招等场景，组织了"线上＋线下"的培训课程、远程技术协作等 RPA 工具学习与应用的技术支撑，截至目前已完成 23 家试点供电所的 RPA 推广应用工作，累计使用场景次数210 次，累计使用人次 20 人，累计节省工时约 855 小时，切实解决基层人工操作耗时长、准确率低、跨系统协同难等问题，获得供电所员工广大好评。

6 个现场一键作业方面,完成 6 个一键场景功能在 i 国网的建设,为试点供电所配置手机背夹,试点推行"手机 + 背夹"工作模式。开发关联工单功能,实现派车单、工器具领用单、材料领用单、工作票等 4 类 16 种关联工单自动触发。应用 OCR 图像识别技术,通过"扫一扫、拍一拍、点一点"的方式完成现场信息填报,减少现场作业人工信息录入。通过客户编号等信息检索客户精准画像,集中展示客户电费、服务敏感情况以及业务需求等信息,累计触发 434 次风险预警,提醒供电所员工根据需要及时调整服务策略,提升客户服务水平,减少投诉风险。

完成供电所"积分制"绩效评价体系建设,协助 378 家供电所应用绩效评价管理,以县公司为基础单位,根据各单位不同的管理方式,把目标任务指标、质量管控指标作为考核重心,建立符合本县实际情况的绩效评价体系。归纳流程,总结经验,逐步形成《供电所绩效量化推广应用"七步法"》,既定方案、画导图、打基础、理指标、配算法、提数据、算结果。建立包含 571 项基础指标的基础指标超市,供各评价单位自行选取,每月自动生成绩效结果,全面提升供电所工作质效,为供电所数字化转型提供保障。

组建省、市、县、所四级联动的柔性团队,针对具体任务,根据基层业务水平动态组建数字化供电所建设柔性团队,团队组建期间全部柔性团队成员均下沉至一线供电所,收集一线供电所工作人员问题、痛点和需求,开发完成后同一线供电所工作人员一起进行测试,收集功能完善意见,功能上线后在供电所实地推广应用,收集建议评价。截至目前,柔性团队累计有 103 个供电所、44 个县公司、9 个地市公司、省营销服务中心以及省营销部参与,充分了解基层想法,真正的做到走进基层、服务基层、赋能基层。

## ● 第三节 供电所机构设置及工作内容 ●

供电所为地市公司、县公司的派出机构,设所长、副所长、客户服务员等营销相关岗位,下设内勤类班组和外勤类班组。

### 一、供电所主要职责

(1)负责辖区内 10kV 及以下的客户营销业务执行及优质服务工作。

(2)负责辖区内 0.4kV 客户的业扩报装工作。

(3)负责配合上级部门做好辖区内配售电市场开拓,参与市场竞争。

## 二、供电所内勤班班组职责

（1）负责供电营业厅业务咨询与受理。

（2）负责乡镇供电所表库的日常管理。

（3）负责乡镇供电所所辖客户的低压供用电合同管理。

## 三、供电所外勤班班组职责（营销相关）

（1）负责办理 0.4kV 客户的业扩报装、变更用电、供用电合同管理、计量装拆。

（2）用电信息采集运行维护等营销业务。

（3）负责 10kV 及以下客户的抄催电费及欠费风险预控、费控推广应用、日常用电检查等营销业务。

（4）负责线上渠道推广和移动作业终端的应用。

（5）负责窃电和违约用电查处查办及所辖区域的线损管理。

（6）负责开展管辖范围内的供电优质服务活动。

（7）负责市场开拓、电力需求侧管理、电能替代、分布式电源、电动汽车充换电服务等新型业务。

## ● 第四节  供电所主要岗位工作细则 ●

供电所按照"一乡（镇）一所"原则设置，定员一般应在 15～80 之间，设置 2 类班组，分别是外勤班和内勤班，典型的岗位设置见表 1－1。

表 1－1　　　　　供电所岗位一览表

| 序号 | 岗位名称 | 设置方式（条件） |
|---|---|---|
| 1 | 所长 | 专职 |
| 2 | 副所长 | 专职 |
| 3 | 安全质量员 | 专职 |
| 4 | 运检技术员 | 专职 |
| 5 | 客户服务员 | 专职 |
| 6 | 内勤班班长 | 专职 |
| 7 | 外勤班班长 | 专职 |
| 8 | 综合柜员 | 专职 |
| 9 | 台区经理 | 专职 |

供电所的组织机构设置见图1-1。

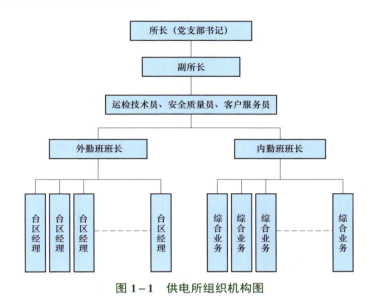

图1-1 供电所组织机构图

## 一、所长

### （一）专业管理

（1）对全所线路、设备安全、经济运行、人身安全、财务、营业、电费收缴、线损率、电能计量管理、优质服务和日常管理工作负全面责任。

（2）负责本所的日常管理，定期组织业务、技术培训及考核工作。

（3）定期进行安全用电和营销分析，总结管理经验，搞好增供扩销。

（4）负责辖区客户用电申请的签办工作，严厉查处各类违章用电、窃电案件。

（5）负责组织对辖区内用电出现的各类事故进行调查分析并及时上报。

（6）负责编制客户高低压配电网络更新改造计划并组织实施。

（7）负责审核、监督各类票据、资料、报表的使用和管理工作。

（8）负责本所印鉴使用和管理，做好记录。

（9）负责编制本所人员的岗位培训计划并抓好落实，不断提高其技术业务水平。

（10）抓好行风建设工作，杜绝勒卡客户现象发生。

（11）负责编制本所各项规章管理制度、并监督其执行情况。

（12）完成上级交办的其他各项工作。

**（二）业务场景细则**

1."两措"管理

（1）落实年度安全生产工作意见，组织实施涉及本供电所的任务措施。

（2）组织编制本供电所年度反事故措施计划和安全技术劳动保护措施计划，经审批下达后组织实施。

（3）根据编制的"两措"计划实施时间，将项目纳入月（周）工作计划。

1）班前会。根据当天的工作任务，结合组员的身体精神状况、现场条件、工作环境、工作范围等施工实际情况，做好危险点分析，布置安全措施，交代注意事项等。

班前会的目的，通过班前会使工作组成员达到"六个明确"、即工作任务明确、工作设备明确、工作时间明确、工作范围明确、安全措施明确、人员分工明确。

班前会工作的重点应突出"三交、三查"内容。即：交任务、交安全、交措施；查工作着装、查精神状态、查个人安全用具。

2）班后会。听取工作班成员及工作负责人汇报当日工作完全情况，了解本次工作中的工作质量、工作表现、安全情况。对安全生产项目进行总结，包括：完成情况、安全动态、存在问题、改进措施，并记录在工作票上。

3）月度安全分析会。对供电所当月安全生产情况进行总结，指明改进措施，提出下月度安全管理重点工作内容和要求。

2．安全活动

（1）供电所所长组织开展安全日活动,全所人员参与,要求每周开展四次。

（2）布置本周（月）工作重点。

（3）将安全活动记录和总结上报本公司安监部门审签。

3．业扩报装等营销业务

落实现场勘查工作。

4．用电检查

对台区经理的处理方案进行审批。现场检查确认有危害供用电安全或扰乱供用电秩序及有窃电行为的，检查人员应采用拍照、摄像等措施详细记录现场情况，并在现场予以制止。同时通知公安部门人员到达现场共同取证。拒绝接受供电企业按规定处理的用户，可按规定的程序停止供电，并请求电力管理部门依法处理，构成犯罪的依法追究刑事责任。

5. 催费

对台区经理提出的停电申请进行审批。

## 二、副所长

### （一）专业管理

（1）传达贯彻上级营销专业管理要求，分解落实专业工作任务。

（2）组织对乡镇供电所营销各专业指标、工作落实完成情况进行检查，每月进行总结分析，提出绩效考核建议。

（3）组织开展乡镇供电所管理范围内用电客户抄表收费工作。

（4）组织开展乡镇供电所管理范围内的用电客户计量装接、资产管理工作。

（5）组织开展用电采集系统建设和运维工作。

（6）组织开展营业厅日常管理工作。

（7）组织落实乡镇供电所管理客户的业扩报装全过程服务。

（8）组织开展乡镇供电所管理客户的用电检查、供用电合同管理、客户基础信息维护等工作。

（9）组织开展电能替代项目、开展电动汽车充换电业务、服务分布式电源等各类新型业务。

（10）组织开展线上报装、缴费、体验、互动等"互联网＋"营销服务的推广应用。

（11）组织开展优质服务营销类投诉管控工作。

（12）组织开展营销类应急预案的编制工作。

（13）协助所长开展线损分析、理论线损计算、同期线损治理及整改、考核工作。

（14）协助所长开展营配贯通业务平台建设应用相关指标的管理工作，提高运检和营销在停电管理、故障抢修、设备异动信息等方面的业务。

### （二）业务场景细则

（1）事故换表。对事故换表流程进行审批。

（2）主持召开供电所营销各指标分析会，包括：

1）对线损、采集、电费回收、业扩报装、优质服务等工作指标进行研究，召开分析会，提出改进工作方法和措施，并组织实施。

2）落实各指标的考核制度。

（3）公司电力法规、政策、文件等宣传和落实工作，第一时间传达落实公司相关政策、法规、文件等，做好相应文件内容培训工作。

（4）供电所报表上报审核工作，包括：

1）督促相关业务报表的及时编制和按时上报工作。

2）做好上报报表的审核及指导工作。

（5）所内员工技术培训、安全培训。定期开展技术安全培训，不断提高供电所员工技能水平。

### 三、安全质量员

#### （一）专业管理

（1）贯彻落实上级文件要求，传达公司各项安全管理规定及规章制度。

（2）严格审核工作票、安全组织技术措施并监督执行，监督检查生产现场工作票、操作票和组织措施、技术措施执行和作业秩序管控等情况，对在作业现场发现的问题应立即责令整改。

（3）协助开展安全工作例会，监督所内各岗位人员安全职责的执行。

（4）编制安全技术劳动保护措施计划并监督实施。

（5）结合本供电所安全生产工作实际情况积极配合与上级管理部门探讨安全新技术变革，提供基层安全管理经验。

（6）组织开展春季、秋季等季节性安全检查和其他专项安全检查，消除安全隐患，针对发现问题制定整改计划并组织落实。

（7）定期组织开展安全设施设备、消防器材及劳动保护用品等检查，并督促正确使用。

（8）组织开展辖区内安全用电检查和安全用电、依法用电知识的宣传。

（9）及时梳理大检查查摆出的问题，制定整改措施并及时上报。

（10）组织开展编制本供电所安全教育培训计划包括安全责任清单培训计划并组织实施，组织开展做好岗位安全技术培训以及新入职和新调入人员、转岗人员的安全培训考试。

（11）每周组织开展至少一次安全活动和安全例会，活动内容应联系实际，有针对性，并做好记录。

（12）组织本供电所人员进行有针对性的现场培训活动，每年组织供电所人员至少参加一次安全规章制度、规程规范考试。

（13）结合现场培训活动组织本供电所人员开展心肺复苏、止血包扎、骨折固定与搬运等紧急救护的培训，做到全员正确掌握救护方法。

（14）组织开展本供电所安全培训档案管理工作，核查本供电所人员的电工、高处作业等资格取证情况，对资质不满足工作岗位人员及时暂停工作并提出转岗建议，向人资部门报送培训需求。

（15）组织建立安全工器具管理台账，做到账、卡、物相符。

（16）组织开展供电所的安全工器具培训，严格执行操作规定，正确使用安全工器具。

（17）安排专人做好供电所安全工器具日常维护、保养及送检工作。每月组织对安全工器具进行全面检查，做好检查记录；对发现不合格或超试验周期的应隔离存放，做出禁用标识，停止使用。

（18）组织开展安全风险辨识，合理安排作业计划，严格管控高电网风险、作业风险现场。

（19）根据电网、作业风险等级，组织制定安全风险管控措施。

（20）落实到岗到位制度，检查安全风险管控措施落实情况。

（21）组织开展隐患排查治理工作和专项安全隐患排查治理工作，落实隐患问题的整改、闭环工作。

（22）每年开展一次应急演练，协助制定本单位现场处置方案，组织职工学习现场处置方案，使职工全面掌握处置方案流程。

（23）按要求提前协助编制本单位重要节日、社会活动保供电方案，组织本单位职工讨论保电措施并执行。

（24）协助开展特殊巡视活动及有针对性进行用电安全检查，发现问题立即整改。

**（二）业务场景细则**

1. "两措"管理

（1）根据本公司批准的本供电所年度反事故措施计划和安全技术劳动保护措施计划，编制实施计划。

（2）对于已经完工的项目，协助上级单位进行质量验收。若不合格，则重新纳入生产计划进行整改；如合格，在月计划工作会议中做好汇报工作。

2. 安全活动

（1）通报上周（月）安全情况及存在问题。

（2）对班组安全措施的落实情况进行监督和检查，并对执行情况做好总结。

### 四、运检技术员

专业管理：

（1）依据《国家电网有限公司关于印发生产作业安全管控标准化工作规范（试行）》开展标准化作业，严格检修、施工等工作项目。

（2）严格按照《工作票实施细则》审查工作票、安全组织技术措施并监督执行。

（3）标准化作业编制内容规范、完整，危险点分析透彻，预控措施针对性强，指导书、作业卡等作业审核、批准手续完备，现场工作严格执行标准化作业流程，过程记录及时完整。

（4）每年年初依据上级公司《"反措"计划》，编制本供电所年度反事故（事件）措施计划，并按要求执行。

协助开展制定安全大检查等各个方案，认真开展大检查工作，依据《国家电网有限公司安全隐患排查治理管理办法》及时梳理大检查查摆出问题，制定整改措施或及时上报，认真开展电力设备评级、缺陷上报。

（5）根据上级安排或结合日常工作开展缺陷、隐患排查工作。

（6）负责职责范围内缺陷和隐患的上报、管控和治理工作，在每周安全日活动上通报本班组隐患排查治理工作情况。

（7）依据"全能型"供电所建设相关要求，及时建立健全安全技术资料、台账、图纸等档案，并依据实际情况及时修订。

（8）在汛期来临前认真对防汛地段进行排查，及时上报加固。超前掌握天气变化情况，做好预测防护工作。

（9）依据季节变化，适时开展电力防护设施保护、安全用电知识等宣传工作。

（10）及时清理线路通道内"三违两源"。

（11）适时开展《电力设施保护条例》宣传工作，对重点电力设施加装防盗措施。

（12）加大客户责任隐患督办整改力度，确保客户责任安全隐患治理"四到位"。

（13）协助开展安全用电宣传活动，发放安全用电宣传材料，如画册、标语等。

（14）协助开展反窃电、违约用电查处及客户服务类工单处理工作。

（15）依据《国家电网有限公司安全工作规定》，定期协助开展安全技术规程宣贯培训，以规程、设备、技术和工艺为学习重点，并确保全员掌握安全技术规程相关内容，提高全员的创新能力和技术水平。

（16）协助组织学习《国家电网有限公司电力安全工作规程》中各项条款，严格遵守《国家电网有限公司电力安全工作规程》，保证做到"三不伤害"。

（17）积极参加班组安全知识和技能培训并经考试合格。

（18）参加事故预案培训和演练，掌握应急处置工作流程，及时改正应急演练过程中存在的问题。

（19）针对特殊天气、节假日及重要社会活动，组织落实保障重要客户、场所可靠供电的措施。

（20）组织做好故障抢修安全管理，重点管控故障抢修安全。

（21）发现直接危及人身、电网和设备安全的紧急情况时，停止作业或者在采取可能的紧急措施后撤离现场，并立即报告。

（22）作业前认真核对、检查《工作票》中所列的各项安全措施，发现问题应及时和有关人员研讨更改。

（23）检查标准化作业内容是否规范、完整，危险点分析及预控措施是否有针对性，发现直接危及人身、电网和设备安全的紧急情况时，立即停止作业撤离现场并立即报告。

（24）检查《标准化作业指导书》《安全组织技术措施》等审核、批准手续是否完备。

（25）负责作业现场严格执行标准化作业流程，并在班后会中对存在的问题进行分析评价。

（26）每月进行《工作票》《操作票》检查分析活动，查摆问题，依据上级公司提出整改意见进行整改。

## 五、客户服务员

### （一）专业管理

（1）贯彻执行国家和上级颁发的有关法律法规、政策、标准及相关规定。

（2）负责制定营销业务专业管理计划，分解考核指标。

（3）负责组织处理客户投诉、举报、95598 工单。

（4）负责客户关系管理相关工作实施。

（5）负责营销专业档案管理日常监督。

（6）组织开展营销专业相关培训。

（7）组织完成本岗位相关的总结与报表。负责落实上级部门下达的优质服务活动方案，组织相关活动。

（8）协助上级部门开展供电检查、第三方调查、服务品质评价等工作。

（9）负责职责范围内营销业务专业管理、报表统计及分析。

（10）监控营销业务相关指标，开展分析总结。

（11）组织处理客户投诉、举报、95598工单等工作，开展调查，并落实整改措施。

（12）监督、检查供电服务规范执行情况，指导班组员工规范服务言行，防止发生客户投诉。

（13）收集、反馈优质服务常态运行机制实施过程中的情况和问题，并提出改进建议。

（14）督促班组严格落实营销业务相关工作要求，防止发生差错。

（15）传达落实上级有关优质服务相关文件精神和工作要求。

（16）组织实施优质服务现场活动和对特殊客户群体的上门服务。

（17）应用"互联网＋营销服务"成果，开展精准营销和个性化服务，提升客户体验，助推农村供电服务转型。

（18）汇总审核营销类统计报表、分析和总结，组织开展经济活动分析。

**（二）业务场景细则**

1. 业扩报装等营销业务

完成资料收集整理和归档工作。

2. 表计申校

（1）按照相关规定将计量装置送至检定部门。电能表检定合格的，应出具检定证书，不合格的出具检定结果通知书。

（2）完成资料收集整理和归档工作。

3. 用电检查

（1）按照月度计划或专项需求发起任务。

（2）对台区经理提出的整改结果进行归档。

4. 95598工单受理

（1）对工单进行梳理、合并、研判，派发至对应的工作人员，明确工单处理要求和处理时限。

根据工单类型可以分为三大类业务，根据不同业务类型执行标准开展工单处理工作。

一般诉求业务是指国网客服中心通过电话、网站等多种渠道受理的客户业务咨询、举报、建议、意见、表扬、服务申请等诉求业务。一般诉求业务办理应遵循"答复规范、处理及时、限期办结、优质高效"的原则，实现业务工单的全过程管理。

供电服务投诉是指公司经营区域内的电力客户，在供电服务、营业服务、停送电、供电质量、电网建设等方面，对由于供电企业责任导致其权益受损表达不满，要求维护其权益而提出的诉求业务。

故障报修业务是指国网客服中心或各省客服中心通过 95598 电话、网站等渠道受理的故障停电、电能质量或存在安全隐患须紧急处理的电力设施故障诉求业务。抢修人员到达故障现场时限应符合：一般情况下，城区范围不超过45 分钟，农村地区不超过 90 分钟，特殊边远地区不超过 120 分钟。

（2）95598 工单作业处理完毕后，客户服务员通过工单流传处理过程填写反馈处理意见，并上报至上级相关管理部门做好闭环处理。

5. 催费

完成资料的归档。

6. 事故换表

完成资料收集整理和归档工作。

## 六、外勤班长

### （一）专业管理

（1）贯彻执行国家和上级颁发的有关法律法规、政策、标准及相关规定。

（2）组织做好辖区内客户的业扩报装、装表接电、抄表催费、用电检查等业务。

（3）组织做好电能替代、充电桩运维、分布式电源等各类新型业务。

（4）组织开展线上报装、缴费、体验、互动等服务的推广应用。

（5）落实辖区内客户的抄表催费管理工作，下达抄表计划，对抄表过程进行管控。

（6）组织开展辖区内客户业扩报装的现场查勘、竣工验收及装表接电等工作。

（7）落实低压计量资产全寿命周期管理工作、计量装置周期轮换计划，对全过程管控，完成上级下达的工作任务。

（8）落实采集设备日常运维工作。

（9）落实供用电合同的签订和续签工作。

（10）组织开展低压营业普查以及违约用电、反窃电检查等工作，规范用电管理。

（11）组织开展线损管理工作。

（12）掌握和挖掘电能替代潜在业务，做好电能替代宣传工作。

（13）组织做好低压光伏发电等分布式电源并网服务和全过程管理。

（14）落实开展互联网营销服务的推广应用。

### （二）业务场景细则

1. 业扩报装等营销业务

组织进行现场勘查工作，并填写现场勘查单。

2. 用电检查

（1）按照计划对相应台区经理进行派工。

（2）对台区经理的处理方案进行审核。现场检查确认有危害供用电安全或扰乱供用电秩序及有窃电行为的，检查人员应采用拍照、摄像等措施详细记录现场情况，并在现场予以制止。同时通知公安部门人员到达现场共同取证。拒绝接受供电企业按规定处理的用户，可按规定的程序停止供电，并请求电力管理部门依法处理，构成犯罪的依法追究刑事责任。

3. 95598 工单受理

若工单涉及客户现场进行处理，应由外勤班长派相关人员处理。

4. 催费

对台区经理提出的停电申请进行审核。

5. 事故换表

外勤班班长对事故换表流程环节进行审核。

6. 高压业扩业务

协助相关部门做好现场勘查等工作，按照国家、行业标准、规程和客户竣工报验资料，对受电工程涉网部分进行全面检验。

## 七、内勤班长

### （一）专业管理

（1）贯彻执行国家和上级颁发的有关法律法规、政策、标准及相关规定。

（2）负责供电营业厅的运营管理。

（3）落实供电所计量资产的管理工作。

（4）贯彻执行国家有关电力方针、政策、法律法规和上级公司、主管部门制定的各项规章制度。

（5）负责制定本班的工作计划，组织实施。

（6）负责本班人员的工作安排、绩效评价和考核。

（7）负责对外联络、协调其他班组和管理人员。

（8）严格执行上级有关财务和资金管理制度，遵守财经纪律。

（9）负责组织开展低压业扩报装的受理、传递、方案审核、答复、业务收费、合同签订、资料归档和业务回访。

（10）负责组织开展电费差错的查核、申报和处理。

（11）负责监督电费发票的领用、发放、回收和上缴。

（二）业务场景细则

（1）低压居民/非居民新装（增容）。在一个工作日内完成资料审核，并将资料上传。

（2）贯彻执行国家和上级颁发的有关法律法规、政策、标准及相关规定。

（3）班组人员绩效，包括：

1）解读宣贯绩效考核细则。

2）做好每月班组人员绩效考核工作。

（4）票据管理。包括：

1）做好票据发放、接收工作。

2）按月核实纸质票据确认及上交工作。

（5）收费管理

1）集团户关系维护工作。

2）每笔退费业务的资料及金额审核工作。

（6）营业厅管理

1）营业厅员工行为规范、组织纪律等纳入供电所绩效考核。

2）营业厅培训工作。

## 八、综合柜员

### （一）专业管理

（1）贯彻执行国家和上级颁发的有关法律法规、政策、标准及相关规定。

（2）完成班组下达的各项工作任务和考核指标。

（3）负责执行供电营业厅相关管理规定，落实用电营业、电费管理和客户服务等专业管理办法。

（4）负责营销业务受理，落实免填单、"一次性告知""三不指定"等业务规定。审核客户提交的资料，及时录入营销系统、电子档案管理系统。发起相关业务流程，告知客户受电工程各环节注意事项和要求。

（5）根据物价部门规定的收费类别和标准、通知客户交费并收取各类费用。

（6）打印供电方案答复单，及时通知客户签收，提醒客户办理相关送审、报验手续。

（7）受理客户受电工程图纸送审、系统接入和竣工报验等环节资料审核资料完整准确性。

（8）按照规定时限及时完成营销系统中的相关流程处理。

（9）开展电费（业务费）收取、增值税发票开具、电费充值卡销售、预付费电能表预购电客户的售电及预购电明细单打印等电费业务。

（10）收集、整理受理环节的客户档案资料，及时归档。

（11）统计、汇总业务受理环节报表数据，及时上报所长。

（12）解答客户咨询。按上级要求做好新型业务宣传、安全用电知识宣传和客户满意度调查等工作。

（13）收集、反馈营销服务中出现的新情况、新问题并提出相应的改善建议。

### （二）业务场景细则

1. 低压居民/非居民新装（增容）

综合柜员通过营业厅柜台、掌上电力 App、95598 网站等办电服务渠道受理客户申请，实行首问负责制，"一证受理""一次性告知""一站式服务"，提供办电预约上门服务。在一个工作日内完成资料审核，并将资料上传。

2. 临时用电新装

（1）综合柜员通过营业厅柜台、掌上电力 App、95598 网站等办电服务渠道受理客户申请，实行首问负责制，"一证受理""一次性告知""一站式服务"，提供办电预约上门服务。在一个工作日内完成资料审核，并将资料上传。

（2）严格按照价格主管部门批准的项目、标准收取业务费用。

3. 低压过户

综合柜员通过营业厅柜台、掌上电力 App、95598 网站等办电服务渠道受理客户申请，实行首问负责制，"一证受理""一次性告知""一站式服务"，提供办电预约上门服务。在一个工作日内完成资料审核，并将资料上传。

4. 销户

综合柜员通过营业厅柜台、掌上电力 App、95598 网站等办电服务渠道受理客户申请，实行首问负责制，"一证受理""一次性告知""一站式服务"，提供办电预约上门服务。在一个工作日内完成资料审核，并将资料上传。

5. 表计申校

（1）综合柜员通过营业厅柜台、掌上电力 App、95598 网站等办电服务渠道受理客户申请，实行"首问负责制""一证受理""一次性告知""一站式服务"，提供办电预约上门服务。在一个工作日内完成资料审核、上传，并按照物价部门的规定收取费用。

（2）营业厅综合柜员在接收到检定结果报告后及时通知客户。检定合格的营业厅综合柜员进行归档。

6. 事故换表

综合柜员受理后，在一个工作日内完成资料审核、上传。

7. 高压业扩业务

综合柜员通过营业厅柜台、掌上电力 App、95598 网站等办电服务渠道受理客户申请，实行"首问负责制""一证受理""一次性告知""一站式服务"，提供办电预约上门服务。在一个工作日内完成资料审核，并将资料上传。

## 九、台区经理

### （一）专业管理

（1）贯彻执行国家和上级颁发的有关法律法规、政策、标准和公司相关规定。

（2）完成班组下达的各项工作任务和考核指标。

（3）开展网格化台区经理团队式服务。

（4）做好管辖台区客户的业扩报装和变更用电工作。

（5）做好管辖台区客户的用电检查工作，开展窃电和违约用电工作。

（6）做好管辖台区客户计量装置的安装，运行和维护工作。

（7）做好管辖台区客户的抄表催费工作。

（8）做好管辖台区客户的优质服务工作。

### （二）业务场景细则

1. 低压居民/非居民新装（增容）

（1）进行现场勘查工作。重点核实客户负荷性质、用电容量、用电类别等信息，结合现场供电条件，初步确定供电电源、计量、计费方案，并填写现场勘查单。

业扩接入引起的低压电网新建、改造等配套工程应与客户工程同步实施、同步投运。

（2）台区经理按照国家、行业标准、规程和客户竣工报验资料，对受电工程涉网部分进行全面检验。对于发现缺陷的，应以书面形式一次性告知客户，复验合格后方可接电。

竣工检验范围包括：工程实施工艺、建设用材、设备选型及相关技术文件，安全措施。

（3）台区经理在竣工检验合格后与用户签订《低压供用电合同》。并完成采集终端、电能计量装置的安装。

（4）台区经理在装表接电后，完成生产系统和营销系统内营配数据的更新维护。

2. 临时用电新装

（1）进行现场勘查工作。重点核实客户负荷性质、用电容量、用电类别等信息，结合现场供电条件，初步确定供电电源、计量、计费方案，并填写现场勘查单。业扩接入引起的低压电网新建、改造等配套工程应与客户工程同步实施、同步投运。

（2）台区经理按照国家、行业标准、规程和客户竣工报验资料，对受电工程涉网部分进行全面检验。对于发现缺陷的，应以书面形式一次性告知客户，复验合格后方可接电。

竣工检验范围包括：工程实施工艺、建设用材、设备选型及相关技术文件，安全措施。

（3）台区经理在竣工检验合格后与用户签订《低压供用电合同》。并完成采集终端、电能计量装置的安装。

（4）台区经理在装表接电后，完成生产系统和营销系统内营配数据的更新维护。

3. 低压过户

（1）台区经理根据受理信息预约客户查勘时间。现场勘查应重点核实客户用电地址、负荷性质、用电容量、用电类别等信息、结合现场供电条件，并填写现场勘查单。同时对客户表计进行特抄，并由客户签字确认。完成算电费、预付费等的核算，并与客户完成费用结算。与客户终止供用电合同。解除供用电关系，与新客户签订《供用电合同》。

（2）完成生产系统和营销系统内营配数据的更新维护。

4. 销户

（1）根据受理信息预约客户查勘时间。现场查勘核实客户相关信息，确认待销户用户已停止全部用电容量的使用，查验用电计量装置完好性。断开电源连接点，拆除产权分界点的联络设备和用电计量装置。完成结算电费、预付费、业务费等的核算，并与客户完成费用结算。与客户终止供用电合同，解除供用电关系。

（2）台区经理在拆除计量装置后，完成生产系统和营销系统内营配数据的更新维护。

5. 表计申校

（1）客户对表计封印、表计编码、表计止码进行现场核对和确认，台区经理拆回被检计量装置。

（2）检定不合格的台区经理应根据检定结果通知书进行电费电量退补。

（3）台区经理在拆除计量装置后，完成生产系统和营销系统内营配数据的更新维护。

6. 用电检查

（1）组织对客户现场进行检查。

（2）了解被检用户的基本信息、负荷情况、电费档案等基本情况，对高危用户和重要电力用户，还应查阅用户的最新的停电应急预案。

现场检查主要对用户的受送电设备运行及电力使用情况进行检查，主要内容有：用户概况，包括用户的联系人、身份证明、企业营业证明等；用户的受电装置，包括变压器、断路器、互感器、隔离开关、避雷器、架空线、电缆、操作电源及配电柜等；用户的运行管理资料，包括用户电气人员配置、运行管理资料、图纸及相关试验报告等；对特殊用户，还须扩大用电检查的范围，如对重要电力用户要重点检查隐患治理情况以及电源配置情况、对电费风险用户做好信用评估。

（3）台区经理现场监督检查整改结果。

7. 95598 工单受理

（1）收到派工后去客户现场进行调查。

（2）现场调查明确供电方责任，由台区经理提出整改意见，并落实整改措施。如属用户原因，则告知用户，并反馈客户服务员。

8. 催费

（1）台区经理从微机中查询欠费客户相关信息，打印出欠费明细表。

（2）台区经理通知客户进行缴费。对未在规定期限内交费的客户，台区经理提出停电申请。经批准向客户送达停电通知书并在用户签字确认后，按规定对未及时交费的客户采取停电措施。在客户完成交费后，台区经理进行复电。

9. 事故换表

（1）台区经理在现场对表计是否发生故障进行判断。

（2）客户对表计封印、表计编码、表计止码进行现场核对和确认后，台区经理根据表计实时信息进行电费电量计算，并拆回故障表计。

（3）台区经理提出电能表领用申请，经批准后安装封印。

（4）台区经理进行电能表和封印的安装工作。

（5）台区经理在换表完成后，完成生产系统和营销系统内营配数据的更新维护。

10. 高压业扩业务

协助相关部门做好现场勘查等工作，按照国家、行业标准、规程和客户竣工报验资料，对受电工程涉网部分进行全面检验。台区经理在竣工检验合格后，配合相关部门与用户签订《高压供用电合同》和采集终端、电能计量装置的安装。

## ❋ 第五节　本　章　小　结 ❋

本章对于国家电网有限公司营业区内数字化供电所建设的背景、成效、各供电所的岗位设置即各岗位职责进行了总体的论述。在数字化供电所建设上，围绕五个一数字化基础底座、看板画像、内勤作业应用和六个现场一键作业等四个方面进行了整体讲解。在数字化供电所岗位设置方面，对于包括综合柜员在内的 9 个岗位的岗位职责和业务场景进行了详细的描述，使各供电所岗位人员均能对业务开展有全面的认识。

# 第二章　综合柜员能级提升

## ● 第一节 技能等级评价简介 ●

"十四五"时期，我国将大力实施"技能中国行动"，以培养高技能人才、能工巧匠、大国工匠为先导，带动技能人才队伍梯次发展，形成一支规模宏大、结构合理、技能精湛、素质优良，基本满足我国经济社会高质量发展需要的技能人才队伍。

### 一、技能等级评价的考评对象

公司系统（含省管产业单位）技术技能岗位从事相应职业（工种）相关工作，且满足相应从业年限的员工。

### 二、技能等级评价的工种范围

国家电网公司在人力资源和社会保障部备案的 39 个职业（工种）。综合柜员属于农网配电营业工的分支工种，属于已备案的工种之一。

### 三、技能等级评价的等级划分

目前的技能等级评价体系将各工种均划分为八个等级，由低到高依次为：学徒工、初级工、中级工、高级工、技师、高级技师、特级技师、首席技师等。其中，高级技师及以上等级由国家电网公司组织开展，技师及以下等级由省公司组织开展。

### 四、技能等级评价的报名方式

各工种的技能等级评价均采取网络报名的方式。报名入口在国网学堂的能级评价专区。

### 五、技能等级评价的考评方式

技能等级评价采取理论考试与技能实操相结合的考评方式。报名成功后，考生需参加由各级技能等级评价中心统一组织的理论考试。理论考试采用上机答题的方式，考试需在规定时间内完成考试并提交试卷。题型以客观题为主，包括单选、多选和判断等。理论考试通过的考生，可以参加技能实操的考评。技能实操题目根据各工种工作岗位内容设置若干操作题目，考生自行抽取具体题目内容后，在现场考评人员的统一组织下，独自完成考试题目制定的操作任务。

对于技师及以上等级的技能等级评价，考生还需参加潜在能力答辩。答辩的主要环节为开展专业技术工作的陈述，并回答考评员现场提出的相关问题。

## ● 第二节 能级提升相关知识 ●

### 一、供电服务标准

#### （一）道德标准

严格遵守国家法律、法规，诚实守信、恪守承诺。爱岗敬业，乐于奉献，廉洁自律，秉公办事。真心实意为客户着想，尽量满足客户的合理用电诉求。对客户的咨询等诉求不推诿，不拒绝，不搪塞，及时、耐心、准确地给予解答。用心为客户服务，主动提供更省心、更省时、更省钱的解决方案。遵守国家的保密原则，尊重客户的保密要求，不擅自变更客户用电信息，不对外泄露客户个人信息及商业秘密。

#### （二）服务技能

熟悉国家和电力行业相关政策、法律法规的相关规定，掌握公司优质服务基本要求、沟通技巧、业务知识等。熟知本岗位的业务知识和相关技能，岗位操作规范、熟练，具有合格的专业技术水平。严格执行供电服务相关工作规范和质量标准，保质保量完成本职工作，为客户提供专业、高效的供电服务。主动了解客户用电服务需求，创新服务方式，丰富服务内涵，为客户提供更便捷、更透明、更温馨的服务，持续改善客户体验。积极宣传推广新型供电服务渠道和服务产品，主动引导客户使用，提升客户获得感和满意度。在服务过程中，应尊重客户意愿，不得强制推广。

#### （三）服务礼仪

供电服务人员行为举止应做到自然、文雅端庄。工作期间应保持精神饱满、注意力集中，不做与工作无关的事。为客户提供服务时，应礼貌、谦和、热情。与客户会话时，使用规范化文明用语，提倡使用普通话，态度亲切、诚恳，做到有问必答，尽量少用生僻的电力专业术语，不得使用服务禁语。工作发生差错时，应及时更正并向客户致歉。当客户的要求与政策、法律法规及公司制度相悖时，应向客户耐心解释，争取客户理解，做到有礼有节。遇有客户提出不合理要求时，应向客户委婉说明。不得与客户发生争吵。为行动不便的客户提供服务时，应主动给予特别照顾和帮助。对听力不好的客户，应适当提高语音，放慢语速。

### （四）服务项目及质量标准

1. 业扩报装及变更用电（获得电力）

（1）服务内容。根据客户提出的用电需求，受理客户的新装、增容、变更用电、分布式电源并网服务、市政代工业务。

新装、增容业务的类别见图2-1。

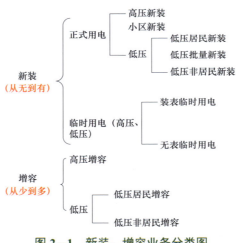

图2-1　新装、增容业务分类图

变更用电包括改类、减容（减容恢复）、暂换（暂换恢复）、移表、暂拆（复装）、过户、更名、分户、并户、销户、临时用电延期、临时用电终止、迁址、改压，以及改变行业分类、交费方式、银行账号、增值税信息等的其他变更业务。

联系人信息等基础档案信息的。

（2）负责完成项目服务环节。不同类型的客户，办理业扩报装及变更用电的环节有所不同，综合柜员岗位人员涉及的环节见表2-1。

表2-1                      综合柜员须负责的业务环节

| | | 业务受理 | 答复供电方案 | 业务费用收取 | 客户资料归档 | 回访 | 补充说明 |
|---|---|---|---|---|---|---|---|
| 新装、增容业务 | 高压新装 | ☆ | ☆ | ☆ | ☆ | | 仅双电源及以上客户有业务费用收取环节 |
| | 低压居民客户 | ☆ | | | ☆ | | 业务受理环节为受理签约 |
| | 低压非居民客户（实行"三零"服务） | ☆ | | | ☆ | | |
| | 低压非居民客户（实行"三零"服务） | ☆ | | | ☆ | ☆ | |
| 变更用电业务 | | ☆ | | ☆ | ☆ | | |
| 市政代工业务 | | ☆ | | | ☆ | | |

（3）服务项目质量标准。根据国家有关法律法规，本着平等、自愿、诚实信用的原则，维护双方的合法权益。严格执行政府部门批准的收费项目和标准，严禁利用各种方式和手段变相扩大收费范围或提高收费标准。根据便捷高效的服务原则，各业务环节办结时限见表2-2。

表2-2                      各环节办理时限

| | | 各环节时限（工作日） | | | | | 办理完毕时限（工作日） |
|---|---|---|---|---|---|---|---|
| | | 业务受理 | 答复供电方案 | 竣工检验 | 装表接电 | 回访 | |
| 新装、增容业务 | 高压新装（单电源） | 1 | 10 | 3 | 3 | | 22 |
| | 高压新装（双电源） | 1 | 18 | 3 | 3 | | 32 |
| | 低压居民客户 | 1 | 3 | 3 | 3 | | 5 |
| | 低压非居民客户（实行"三零"服务） | 1 | 3 | 3 | 3 | | 15 |
| | 低压非居民客户（实行"三零"服务） | 1 | 3 | 3 | 3 | | 6 |
| 变更用电业务 | 暂拆（暂拆恢复） | | | | | | 5 |
| | 更名、过户 | | | | | | 5 |
| | 减容 | | | | | | 5 |
| | 改类（需换表） | | | | | | 5 |
| | 改类（无需换表） | | | | | | 2 |

2. 故障抢修服务

故障抢修服务是指受理客户对供电企业产权范围内的供电设施故障报修。综合柜员负责受理客户故障报修申请、抢修结果回访、资料归档等流程环节，要在受理故障报修后及时转报给供电抢修处理人员，确保供电抢修处理人员到达现场抢修。

3. 咨询服务

（1）服务内容。供电企业为客户提供电价电费、停送电信息、供电服务信息、用电业务、业务收费、客户资料、计量装置、法律法规、服务规范、能效公共服务、电动汽车充换电、用电技术及常识等内容的咨询服务。

（2）负责完成项目服务环节。负责受理客户咨询申请，经过核实客户信息、处理客户申请、回复客户结果、办结归档等流程环节。

（3）服务质量标准。受理客户咨询时，对不能当即答复的，应说明原因，并在 5 个工作日内答复客户。

4. 投诉、举报、意见和建议受理服务

对于客户的投诉、举报、意见和建议，综合柜员负责受理客户诉求，应客户要求回复回访，办结归档等流程环节。受理客户投诉后，24 小时内联系客户，5 个工作日内答复客户。受理客户举报、建议、意见业务后，应在 10 个工作日内答复客户。处理客户投诉应以事实为依据，以法律为准绳，以维护客户的合法权益和保护国有财产不受侵犯为原则。除客户明确提出不需回访及匿名外，均应开展回访工作，坚持"谁受理、谁回访"的原则，不得多级回访。在工作过程中严格保密制度，尊重客户意愿，满足客户匿名需求，为投诉举报人做好保密工作。不准阻塞客户投诉举报渠道，不准隐瞒、隐匿、销毁投诉举报情况，不准打击报复投诉举报人。

5. 用电异常服务申请

（1）服务内容。受理客户的欠费复电登记、电器损坏核损、电能表异常、抄表数据异常、服务平台异常等服务申请，按规定向客户回复处理结果。

（2）负责完成项目服务环节。负责受理客户服务申请、回复回访、办结归档等流程环节。

（3）服务质量标准。受理客户服务申请后，及时转报相应负责人处理，并按下列规定向客户回复处理结果（表 2-3）。

表 2 – 3　　　　　　　　　用电异常业务办理时限要求

| 用电异常服务业务 | 办理时限要求 |
| --- | --- |
| 电器损坏核损业务 | 24 小时内到达现场 |
| 电能表异常业务 | 5 个工作日内处理 |
| 抄表数据异常业务 | 5 个工作日内核实 |
| 服务平台异常业务 | 4 个工作日内核实处理 |
| 其他服务申请类业务 | 6 个工作日内处理完毕 |

6. 客户信息更新服务

客户信息更新服务内容为向客户提供联系方式、业务密码等客户信息更新的服务。综合柜员负责受理客户信息更新申请，经过验证客户身份、客户提供资料、信息更新、资料归档等流程环节。

7. 交费服务

（1）服务内容。交费服务可通过自助服务终端交费、坐收等方式完成。不同服务方式下，综合柜员负责的环节为：

自助服务终端交费，负责引导客户通过自助服务终端申请交费开始，经客户交费，营销系统销账，告知客户交费信息。

坐收，负责受理客户交费申请，告知客户电费账户信息、收取电费、向客户开具收费凭证等。

逐步取消营业窗口现金收费。大力推广"网上国网""电 e 宝""电费网银"等线上渠道，引导客户线上交费。对于临柜交费客户，应引导和协助客户使用线上渠道或自助缴费终端交费。电子化缴费渠道见表 2 – 4。

表 2 – 4　　　　　　　　　电子化缴费渠道

| | | |
| --- | --- | --- |
| 银行平台 | 网上银行缴费 | 通过电力公司合作银行的网上银行缴费 |
| | 银行自助终端缴费 | 通过电力公司合作的银行自助终端缴费 |
| | 银行代扣 | 由银行从客户的账户上进行扣款 |
| | 银联 POS 刷卡交费 | 合作的银行发行的 POS 终端刷卡交费 |
| | 银行代收 | 用户去电力公司合作的银行交电费 |
| | 网点代收 | 通过社会化合作网点交电费 |
| | 特约委托 | 根据客户、银行签订的电费结算协议扣除电费的方式 |

续表

| | | |
|---|---|---|
| 供电公司平台 | 负控购电 | 客户在营业网点购电，供电单位计算出电量或电费，通过电能量采集控制业务传送给电能采集系统，控制客户用电 |
| | 柜台收费 | 通过营业网点自助缴费机终端进行缴费 |
| | 95598 网站交费 | 通过登录 95598 网站进行缴费 |
| | 电 e 宝交费 | 通过手机登录电 e 宝进行交费 |
| | 电力自助终端缴费 | 通过电力公司的自助终端进行电费交纳 |
| | 网上国网线上缴费 | 通过手机登录网上国网进行缴费 |
| 其他平台 | 微信交费 | 通过手机登录微信进行缴费 |
| | 电子账单缴费（支付宝） | 用户与支付宝签订协议，通过支付宝平台每月产生电费账单，自动扣除支付宝中的余额交电费 |
| | 支付宝在线交费 | 通过登录支付宝进行电费交纳 |

（2）服务质量标准。

1）核对用户信息。收费人员应准确录入用户户号信息（如无法提供户号，可根据户名、用电地址等信息进行模糊查询），与用户核对基本信息（户号、户名、地址等）一致，避免错收。

2）告知电费信息。

① 告知用户电费年月、电费金额及应交纳违约金金额等，用户确认后，方可正常收取。

② 用户有多期欠费，收费人员应提示并要求用户全部缴纳。如客户有暂存款，告知客户应补交剩余部分电费。

3）电费收取。

① 用户交纳费用后，应做好清点。

② 与客户交接钱物时，应唱收唱付，轻拿轻放，不抛不丢。

③ 收款后主动向客户提供票据。

4）打印票据。

① 开具电费票据、加盖收讫章。

② 将电费票据双手递交给用户。

③ 提醒客户校核。

5）业务时限。办理居民客户收费业务的时间，一般每件不超过 5 分钟。

6）其他。引导用户后续能够非现金缴费，离柜缴费（图 2-2）。

图 2 - 2　柜员接待客户图

若办理交费业务过程中，由工作人员引起电费差错，应于 7 个工作日内将差错电费退还客户，涉及现金款项退费的应于 10 个工作日内完成。收费后应实时销账，因供电企业原因未实时销账且产生违约金的，经审批后，对供电企业原因造成的相应部分违约金金额进行减免。严格按供用电合同约定执行电费违约金制度，不得随意减免电费违约金，因营销服务系统或网络故障等非客户原因造成客户无法按时缴纳电费且产生电费违约金的，可经审批同意后实施电费违约金免收。

8. 票据或账单服务

（1）服务内容。供电企业通过发放、邮寄、邮箱订阅、线上渠道下载等方式向客户提供电费、营业费用的票据或账单的服务。

（2）负责完成项目服务环节。票据或账单发放：负责受理客户要求、提供电费票据或账单的申请开始，经过验证客户身份、开具票据或账单给客户，或提供电子化查询下载等流程环节。

票据或账单寄送：负责受理客户寄送票据或账单申请，经过验证客户身份、办理票据或账单寄送给客户等流程环节。

（3）项目质量标准。普通电子发票，通过电子渠道推送客户，客户电费结清后可选择自助打印。增值税专用发票，在未实现电子化前，与客户约定后应提前打印，以备客户索取或主动邮寄送达客户。

**（五）其他服务规范**

工作期间统一着装，佩戴工号牌，保持仪容仪表美观大方，服务客户时礼貌、谦和、热情，使用规范化文明用语。

1. 柜台迎接

（1）客户来到柜台前时，营业人员应主动起身，面带微笑，用礼貌用语向客户问好，并询问客户办理业务的类型和需求。营业人员应根据客户的业务需求，引导客户到相应的业务窗口或自助服务区，并简要介绍办理流程和时间。在引导过程中，服务人员应保持耐心和细心，确保客户能够顺利找到办理业务的窗口或设备（图2−3）。

**图2−3 起身迎接客户图**

对于行动不便或老年客户，服务人员应主动提供必要的帮助和照顾，如搀扶、协助填写表单等，提供多元化和个性化服务。

（2）客户较多，连续办理业务时，为等待较长时间的客户开始办理业务时，欠身或微笑点头打招呼，使用规范文明用语礼貌地向客户致歉。无法在期限内完成业务时，服务人员应及时将处理方案、预计解决的日期告知客户，征得客户谅解。

（3）遵守"先外后内"原则。营业服务过程中优先接待客户，再处理内部工作事务，做到主动、真诚、高效地为客户服务。

（4）遵守"先接先办"原则。在业务办理过程中，若有其他客户上前咨询时：若客户需要在本柜台办理相关业务，请其稍候；若客户需要办理的业务不在本柜台时，使用标准手势热情地引导至相关岗位。

（5）遵守"首问负责制"原则。无论办理的业务是否对口，都要认真倾听、热情引导、快速衔接，为客户提供准确的业务办理指导信息，严禁推诿搪塞客户。严格执行一次性告知义务。将客户咨询或办理业务的相关事项一次性告知客户，避免客户多次往返营业窗口。

2. 受理用电业务

在受理业务时，服务人员应认真听取客户的需求和意见，仔细核对客户提供的资料和信息，主动向客户说明该项业务客户需提供的相关资料、办理的基本流程、相关的收费项目和标准。确保业务的准确性和合规性。对于复杂的业务或客户提出的特殊需求，服务人员应主动向客户解释相关政策和规定，并提供专业的建议和解决方案。

（1）核查客户资料（图2-4）。

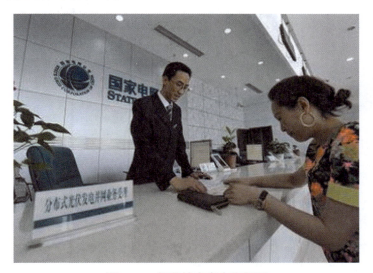

图2-4  柜员核查客户资料图

① 根据需要核查客户是否符合所申请业务的条件，若不符合，要向客户说明原因及可能的解决方法；

② 审核客户是否提供了相关的证件和资料，以及证件和资料的有效性，若不符合要求要向客户说明；

③ 核查申请表中客户填写的内容与所提供的相关证件、资料的信息是否

一致，若不一致要告知客户。

（2）客户填写表单。

① 需要客户填写业务登记表时，要将表格双手递给客户，并提示客户参照书写示范样本正确填写（图2-5）；

② 提供免填单服务时，请客户确认相关申请资料并签名。

图 2-5　双手递接物品

（3）向客户说明业务办理流程及相关费用标准。正确、详细地告知客户相关事项（图2-6）。

（4）业务办理时限。在办理各项业务时，应保持高效的工作节奏，尽量减少客户等待时间，并主动告知客户业务办理进度和注意事项，确保客户能够及时了解业务办理情况。办理客户用电业务一般每件不超过 20 分钟，在规定时限内完成客户用电业务办理，确保服务快捷高效。在受理客户办电业务过程中，不准无故拒绝或拖延客户用电申请、增加办理条件和环节。对客户用电申请资料的缺件情况，受电工程设计文件的审核意见、中间检查和竣工检验的整改意见，均应以书面形式一次性完整告知，由双方签字确认并存档。

3. 柜台送客服务规范

（1）客户办理完相关业务准备离开时，递送服务卡给客户，告知咨询热线。

（2）当客户离开柜台时，应起身或微笑与客户告别。

图 2-6 向客户介绍流程

4. 其他服务规范

对于无法当即答复的向客户解释说明，并将客户诉求及时转派至相关处理部门，做到"内转外不转"。当发生系统设备故障等突发情况影响正常业务办理时，向客户说明情况并致歉，请客户稍候或留下联系方式另约服务时间。在业务高峰期时，及时做好客户分流和现场秩序维护，灵活增设服务柜台或人员。对行动不便的老年人、孕妇、残障人士等特殊群体，开辟绿色通道，提供引导并协助办理业务。营业时间结束时，对于正在办理的业务应照常办理，对于在厅内等候的客户继续提供服务。

### （六）工作中严禁触碰的红线

不准通过延迟录入业务受理时间、"先勘查后受理"等方式"体外循环"。不准扩大业务受理的收资范围，提高收资门槛，或向客户重复收取已有办电资料。不准利用个人账户代收客户电费、业务费，或擅自更改收费标准、自立收费项目。不准强制客户线上办电、交费，拒收现金。不准无故拒绝客户合理用电申请，推诿搪塞客户正常用电咨询。不准向客户推介设计、施工和设备材料供应单位，或在窗口摆放相关资料。不准对外泄露客户用电申请资料、基础信息等，或未经身份核实提供客户用电信息。不准擅自离岗、串岗，谈论、处理与工作无关的事，在柜台桌面摆放与工作无关的物品。不准使用不文明、不礼貌用语回复客户，与客户发生争吵、肢体冲突等行为。不准通过各种方式弱化

95598 供电服务热线、12398 能源监管热线宣传。

## 二、获得电力

### （一）营商环境

习近平总书记于 2015 年 11 月 23 日在中央政治局第二十八次集体学习时提出的治国方针理论，同时也是智慧城市建设和智慧政府优化营商环境的根本指导思想。

2019 年 10 月 23 日，李克强总理签署了国务院令。公布了《优化营商环境条例》（2020 年 1 月 1 日起实施）李克强总理提出："提供公平可及，优质高效的服务，是让人民过上好日子的必然要求，政府责无旁贷。要创新服务方式、提高服务效能，为企业发展和群众办事提供便利"。

营商环境指的是一个国家或地区商业活动的基础设施、法律法规、政府政策、市场竞争、经济稳定等因素所构成的环境。优秀的营商环境可以吸引更多的企业投资和创业，促进经济增长，提高就业率，增加税收收入，从而改善人民生活水平。

优化营商环境能够激发企业发展活力，有助于营造企业创新沃土、助力企业减负松绑、保障企业公平竞争。

### （二）获得电力及其指标

获得电力是优化营商环境的重要组成部分之一。一个国家或地区的营商环境优劣与其电力供应的可靠性、稳定性和成本有着密切的关系。获得电力水平的提高的积极作用可以体现在：

经济发展和竞争力：优质的电力供应可以提高企业的生产效率和竞争力。稳定、可靠的电力供应可以确保企业的生产连续性，避免因停电或电力不稳定而造成的生产中断和损失，从而促进经济的稳定发展。

吸引外商投资和创业者：在一个电力供应稳定、成本合理的地区，外国投资者和创业者更愿意将资金投入到企业建设和发展中。优质的电力供应是外商投资的重要考量因素之一，因此，改善电力供应可以吸引更多的外商投资，促进经济的国际化发展。

降低企业成本：电力成本通常是企业生产成本的重要组成部分。如果电力成本过高或供应不稳定，将增加企业的生产成本，降低企业的盈利能力。通过优化电力供应，降低电力成本，可以有效降低企业的生产成本，提高企业的竞争力。

提升政府治理水平：电力供应的优化需要政府部门加强对电力行业的监管和管理，推动电力行业的改革和提升。优化电力供应不仅可以改善营商环境，也可以提升政府的治理水平和服务能力，增强政府的公信力和责任感。

"获得电力"指标出自《全球营商环境报告》。《全球营商环境报告》是世界银行每年发布的报告，被认为是企业投资的风向标。"获得电力"指标主要由 4 个二级指标构成，权重各占 25%。4 个二级指标分别是：环节、时间、费用成本占人均国民收入比重和供电可靠性与电费透明度。

### （三）获得电力服务水平提升

2020 年 9 月，经国务院同意，国家发展改革委、国家能源局联合印发《关于提升"获得电力"服务水平持续优化用电营商环境的意见》（发改能源规〔2020〕1479 号），明确用三年时间，即到 2022 年底，在全国范围内实现居民和低压小微企业用电报装"三零"服务、高压用户用电报装"三省"服务。

低压小微企业用电报装"三零"服务，即"零上门、零审批、零投资"。"零上门"是指：实行线上用电报装服务，用户可以在线提出用电需求，签订电子合同，供电企业委派专人上门服务，用户无需往返营业厅，用电报装"一次都不跑"。"零审批"是指：供电企业精简办电资料，一次性收取所有材料，代替用户办理电力接入工程审批手续，地方政府有关部门优化审批服务，实现一窗受理、并行操作、限时办结。"零投资"是指：供电企业将投资界面延伸至用户红线，报装容量在 160kW 及以下通过低压方式接入，计量装置及以上工程由供电企业投资建设。

高压用户用电报装"三省"服务，即"省力、省时、省钱"。"省力"是指：推广"互联网＋"线上办电服务，推动政企办电信息互联互通，供电企业直接获取用户办电所需证照信息，用户在线提交用电申请、查询业务办理进程、评价服务质量，实现办电"最多跑一次"。"省时"是指：地方政府有关部门简化电力接入工程审批程序、压减审批时限；供电企业实行业务办理限时制，加快业务办理速度，确保用户及时接电。"省钱"是指：供电企业优化供电方案，实行就近就便接入电网，降低用户办电成本。

文件针对获得电力服务水平提升提出的总目标是，2022 年底前，在全国范围内实现居民用户和低压小微企业用电报装"三零"服务、高压用户用电报装"三省"服务，用电营商环境持续优化，"获得电力"整体服务水平迈上新台阶。具体为：办电更省时、办电更省心、办电更省钱和用电更可靠。

实现"获得电力"服务水平提升的五大举措可以归纳为"两减两提一加

大"。压减办电时间，包括压减用电报装业务办理时间和压减电力接入工程审批时间，分别涉及的是供电企业办理时间和政府部门审批时间。提高办电便利度，包括优化线上用电报装服务、压减用电报装环节和申请资料和加快政企协同办电信息共享平台建设，最终实现供电企业在线获取和验证营业执照、身份证件、不动产登记等用电报装信息，实现居民用户"刷脸办电"、企业用户"一证办电"。降低办电成本，包括优化接入电网方式、延伸电网投资界面和规范用电报装收费。提升供电能力和供电可靠性，包括加强配电网和农网规划建设、减少停电时间和停电次数。加大信息公开力度，包括提高用电报装信息公开透明度和加强政策解读和宣传引导，尤其要求各有关方面要综合运用电视、网络、报刊等新闻媒体以及供电企业客户端、营业厅等途径和方式，加强对优化用电营商环境措施和成效的宣传解读，为全面提升"获得电力"服务水平创造良好舆论氛围。

## 三、电价电费政策

### （一）发展历程

2002 年我国开始实行电力体制改革，伴随国家电力行业的发展与电力体制改革的推进，我省现行电价机制形成主要分为政府定价、双轨运行、代理购电及代理购电＋系统运行费四个阶段。

1. 政府定价阶段

2015 年 12 月 31 日及以前，电能执行"统购统销"模式，电网企业既是发电企业的唯一买方，也是电力用户的唯一卖方，发电企业的上网电价和用户的销售电价均由政府制定。在政府定价阶段，居民、农业和全体大工业、一般工商业用户均执行目录电价模式，电网企业以购销价差作为收入来源，购销价差收入等于销售收入减购电成本。

2. 双轨制阶段

2016 年 1 月 1 日至 2021 年 10 月 15 日前，我国初步建立电力市场，推动部分工商业用户进入电力市场，通过市场交易方式形成用电价格。居民、农业和未参与市场交易的工商业用户用电价格仍执行政府定价。由此进入了市场定价与政府定价并存的双轨制电价阶段。在双轨制阶段，居民、农业和未参与市场交易的工商业用户均执行目录电价模式，电网企业以购销价差作为收入来源，购销价差收入等于销售收入减购电成本。在双轨制阶段参加市场交易的工商业用户直接通过发用双方协商确定交易价格。同时国家以"准许收入加合理收益"为原则，分电压等级分用户类型核定各省输配电价，电网企业以输配电价（包含线损、交叉补贴及区域电网容量电价）作为收入的来源。

3. 代理购电阶段

2021年10月15日至2023年5月31日，按照《国家发展改革委关于进一步深化燃煤发电上网电价市场化改革的通知》（发改价格〔2021〕1439）号文件要求，燃煤上网电量原则上全部进入电力市场，通过市场交易在"基准价＋上下浮动"范围内形成价格，同时取消工商业目录电价，有序推动尚未进入市场的工商业用户全部进入电力市场。全体工商业用户通过市场确定交易价格，其中未进入市场的工商业用户可选择直接进入市场或由电网企业代理购电，已进入市场的工商业用户仍通过发用双方协商确定交易价格。国家以"准许收入加合理收益"为原则，分电压等级分用户类型核定各省输配电价，电网企业以输配电价（包含线损、交叉补贴及区域电网容量电价）作为收入的来源。

4. 代理购电＋系统运行费阶段

2023年6月1日起，《国家发展改革委关于第三监管周期省级电网输配电价及有关事项的通知》（发改价格〔2023〕526号）文件对用户分类、电价结构、单一制两部制执行范围等方面进行了优化调整。第三监管周期输配电价政策将现行分类的大工业和一般工商业用户归并为工商业用户，扩大了上一监管周期执行两部制电价的用户范围。全体工商业用户通过电网企业代理购电或发用双方直接交易确定交易价格，公司相应收取输配电价，本次核定的输配电价将原包含在内的上网环节线损费用单列，并将交叉补贴、抽蓄容量电费与其他电力资源调节费用放到系统运行费中单列，使输配电价结构更加合理，功能定位更加清晰。

**（二）现行政策**

1. 按用电价格划分

电力客户用电价格主要是根据客户用电负荷性质，生产情况，电压等级来确定。按照《国家发展改革委关于第三监管周期省级电网输配电价及有关事项的通知》（发改价格〔2023〕526号）最新规定：用户用电价格逐步归并为居民生活、农业生产及工商业用电（除执行居民生活和农业生产用电价格以外的用电）三类；其中居民生活、农业生产用电继续执行现行目录销售电价政策。工商业用户用电价格由上网电价、上网环节线损费用、输配电价、系统运行费用、政府性基金及附加组成。系统运行费用包括辅助服务费用、抽水蓄能容量电费等。上网环节线损费用按实际购电上网电价和综合线损率计算。电力市场暂不支持用户直接采购线损电量的地方，继续由电网企业代理采购线损电量，代理采购损益按月向全体工商业用户分摊或分享。

（1）居民生活。居民生活用电价格，是指城乡居民家庭住宅，以及机关、部队、学校、企事业单位集体宿舍的生活用电价格。

城乡居民住宅小区公用附属设施用电：是指城乡居民家庭住宅小区内的公共场所照明、电梯、电子防盗门、电子门铃、消防、绿地、门卫、车库等非经营性用电。

学校教学和学生生活用电：是指学校的教室、图书馆、实验室、体育用房、校系行政用房等教学设施，以及学生食堂、澡堂、宿舍等学生生活设施用电。

执行居民用电价格的学校，是指经国家有关部门批准，由政府及其有关部门、社会组织和公民个人举办的公办、民办学校，包括：

① 普通高等学校（包括大学、独立设置的学院和高等专科学校）；

② 普通高中、成人高中和中等职业学校（包括普通中专、成人中专、职业高中、技工学校）；

③ 普通初中、职业初中、成人初中；

④ 普通小学、成人小学；

⑤ 幼儿园（托儿所）；

⑥ 特殊教育学校（对残障儿童、少年实施义务教育的机构）。不含各类经营性培训机构，如驾校、烹饪、美容美发、语言、电脑培训等。

社会福利场所生活用电：是指经县级及以上人民政府民政部门批准，由国家、社会组织和公民个人举办的，为老年人、残疾人、孤儿、弃婴提供养护、康复、托管等服务场所的生活用电。

宗教场所生活用电：指经县级及以上人民政府宗教事务部门登记的寺院、宫观、清真寺、教堂等宗教活动场所常住人员和外来暂住人员的生活用电。

城乡社区居民委员会服务设施用电：是指城乡居民社区居民委员会工作场所及非经营公益服务设施的用电。

（2）农业生产。农业生产用电价格，是指农业、林木培育和种植、畜牧业、渔业生产用电，农业灌溉用电，以及农业服务业中的农产品初加工用电的价格。其他农、林、牧、渔服务业用电和农副食品加工业用电等不执行农业生产用电价格。

农业用电：是指各种农作物的种植活动用电。包括谷物、豆类、薯类、棉花、油料、糖料、麻类、烟草、蔬菜、食用菌、园艺作物、水果、坚果、含油果、饮料和香料作物、中药材及其他农作物种植用电。

林木培育和种植用电：是指林木育种和育苗、造林和更新、森林经营和管护等活动用电。其中，森林经营和管护用电是指在林木生长的不同时期进行的促进林木生长发育的活动用电。

畜牧业用电：是指为了获得各种畜禽产品而从事的动物饲养活动用电。不包括专门供体育活动和休闲等活动相关的禽畜饲养用电。

渔业用电：是指在内陆水域对各种水生动物进行养殖、捕捞，以及在海水中对各种水生动植物进行养殖、捕捞活动用电。不包括专门供体育活动和休闲钓鱼等活动用电以及水产品的加工用电。

农业灌溉用电：指为农业生产服务的灌溉及排涝用电。农产品初加工用电：是指对各种农产品（包括天然橡胶、纺织纤维原料）进行脱水、凝固、去籽、净化、分类、晒干、剥皮、初烤、沤软或大批包装以提供初级市场的用电。

农产品初加工：是指对各种农产品进行脱水、凝固、去籽、净化、分类、晒干、剥皮、初烤、沤软或大批包装以提供初级市场的用电（只包括农民原产的初级市场的用电）。

保鲜仓储：县域以下的农村用电客户，对家庭农场、农民合作社、供销合作社、邮政快递企业、产业化龙头企业、农产品流通企业在农村建设的保鲜（农、林、牧、渔等农产品）仓储设施用电，按照农业生产电价标准执行。

（3）工商业用电。工商业及其他用电价格，是指除居民生活及农业生产用电以外的用电价格。

大工业用电：是指受电变压器（含不通过受电变压器的高压电动机）容量在 315kVA 及以上的下列用电：

① 以电为原动力，或以电冶炼、烘焙、熔焊、电解、电化、电热的工业生产用电；

② 铁路（包括地下铁路、城铁）、航运、电车及石油（天然气、热力）加压站生产用电；

③ 自来水、工业实验、电子计算中心、垃圾处理、污水处理生产用电。

一般工商业及其他用电：工商业用电中除大工业用电外的用电。

中小化肥用电：是指年生产能力为 30 万 t 以下（不含 30 万 t）的单系列合成氨、磷肥、钾肥、复合肥料生产企业中化肥生产用电。其中复合肥料是指含有氮磷钾两种以上（含两种）元素的矿物质，经过化学方法加工制成的肥料。

农副食品加工业用电：是指直接以农、林、牧、渔产品为原料进行的谷物磨制、饲料加工、植物油和制糖加工、屠宰及肉类加工、水产品加工，以及蔬菜、水果、坚果等食品的加工用电。

2. 按计费策略划分

按照计费策略划分，可以分为单一制电价与两部制电价。

单一制电价：以客户安装的电能表计每月计算出的实际用电量乘以相对应的电价计算电费的计费方式。

两部制电价：两部制电价，是将电价分成两部分。一部分称为基本电价，它反映企业用电成本中的容量成本，计算基本电费时，以用户设备容量（kVA）或用户最大需量（kW）为计费依据。另一部分称为电度电价，它反映企业用电成本中的电能成本，在计算电度电费时，以用户实际用电量为计费依据。

按照《国家发展改革委关于第三监管周期省级电网输配电价及有关事项的通知》（发改价格〔2023〕526 号）文件规定，以下工商业用户应执行两部制电价：

执行工商业（或大工业、一般工商业）用电价格的用户（以下简称工商业用户），用电容量在 100kVA 及以下的，执行单一制电价；100～315kVA 之间的，可选择执行单一制或两部制电价；315kVA 及以上的，执行两部制电价，现执行单一制电价的用户，可选择执行单一制或两部制电价。选择执行需量电价计费方式的两部制用户，每月每千伏安用电量达到 260kWh 及以上的，当月需量电价按本通知核定标准 90%执行。每月每千伏安用电量为用户所属全部计量点当月总用电量除以合同变压器容量（表 2－5）。

表 2－5　　　　　　　　两部制电价执行范围示意表

| 分类 | | | 单一制 | 两部制 |
|---|---|---|---|---|
| 100kVA 及以下 | | | 全部 | |
| 100～315kVA 之间 | | | 可选 | 可选 |
| 315kVA 及以上 | 存量 | 大工业用电 | | 全部 |
| | | 单一制一般工商业用电 | 可选 | 可选 |
| | | 两部制一般工商业用电 | | 全部 |
| | 增量 | 大工业用电 | | 全部 |
| | | 一般工商业用电 | | 全部 |

执行周期：选择执行单一制或两部制电价的用户，提前 15 日向电网企业

提出申请，选定后执行周期不少于 12 个月；期满后未提出变更申请的，延续执行上周期选择的单一制或两部制电价。用电容量在 315kVA 及以上存量执行单一制电价的用户，选择执行两部制电价后不再变更。

基本电费计收：两部制电力用户可自愿选择按变压器容量或合同最大需量缴纳电费，也可选择按实际最大需量缴纳电费。

（1）按变压器容量计收。以变压器容量计收基本电费的，容量是客户专变和不通过专用变压器接用的高压电动机容量之和计收。高压电动机其容量千瓦数（千瓦视同千伏安）计算基本电费。备用的变压器（含直接接用的高压电动机），属冷备用状态并经供电企业加封，不收基本电费；属热备用状态的或未经加封的，不论使用与否都计收基本电费。

（2）按最大需量计收。客户选择每月按申请的合同最大需量或实际计量的最大需量值计收基本电费。同时对按最大需量计费的两路及以上进线客户，各路进线分别计算最大需量，累加计收基本电费。

① 选择按合同最大需量计收的。客户申请值低于变压器容量和高压电动机容量总和的 40%时，按容量总和的 40%核定合同最大容量。每月计收基本电费时，如果抄见最大需量值超过合同最大需量值 105%时，基本电费按合同最大需量收取部分加上超过 105%部分加一倍收取；未超过合同最大需量值105%时，基本电费按合同最大需量值收取。

② 选择按实际最大需量值计收的。每月按抄见客户实际最大需量值计收基本电费（表 2－6）。

表 2－6　　　　　　　　　　基本电费计收标准

| 工商业（两部制） | 基本电价 | |
| --- | --- | --- |
| | 最大需量 | 最大容量 |
| | 元/kW/月 | 元/kVA/月 |
| 1～10kV | 36、8 | 23 |
| 66～220kV 及以下 | 35、2 | 22 |
| 220kV 及以上 | 35、2 | 22 |

3. 峰谷分时电价

执行范围：吉林省除国家有专门规定的电气化铁路牵引用电外的大工业、

一般工商业及其他且设备容量在 100kVA（kW）及以上的电力用户。

省内不适宜错峰的用户自愿选择分时电价政策（设备容量在 100kVA（kW）以上的铁路、医院、部队、政府机关、采暖期内供热企业生产用电和农村地区广播电视站发射台（站）、转播台（站）、差转台（站）、监测台（站）（不包括铁路、医院、部队、政府机关的修理厂、印刷厂等利用主体资产对外经营用电）等不适宜错峰用电的一般工商业及其他电力用户，可自行选择执行分时电价政策。

分时时段：

高峰时段：9:00－11:30、15:30－21:00，尖峰时段：1－2 月、7－8 月、11－12月 16:00－18:00；低谷时段：23:00－6:00；平时段：6:00－9:00 11:30－15:30 21:00－23:00。

分户式居民电采暖：峰时段为 8:00－21:00；谷时段为 21:00－次日 8:00；不设平时段。

蓄热式电采暖：

尖峰时段：16:00－18:00；峰时段为 9:00－11:30、15:30－21:00；谷时段为 21:00－次日 7:00；其余为平时段。

4. 功率因数调整电费

鉴于电力生产的特点，用户用电功率因数的高低对发、供、用电设备的充分利用、节约电能和改善电压质量有着重要影响。为提高用户的功率因数并保持其均衡，以提高供电用双方和社会的经济效益。

适用范围：除居民用电外的用电设备容量在 100kVA 及以上全部客户。

功率因数值的取得与计算：对于一次计量的客户，计算月平均功率因数值时按抄见有功和无功电量计算；对二次计量的客户，在计算变压器的有功和无功损失时，取电量计算参数时应包括客户全部用电电量，折算成一次功率因数时，变压器的有功和无功损失均计算在内，并不扣减居民生活电量。

考核标准：按照原水利电力部、国家物价局文件关于颁发《功率因数调整电费办法》的通知（水电财字〔1983〕第 215 号）规定。

功率因数标准 0.90，适用于 160kVA 以上的高压供电工业用户（包括社队工业用户）、装有带负荷调整电压装置的高压供电电力用户和 3200kVA 及以上的高压供电电力排灌站。

功率因数标准 0.85，适用于 100kVA（kW）及以上的其他工业用户（包括社队工业用户），100kVA（kW）及以上的非工业用户和 100kVA（kW）及以上的电力排灌站。

功率因数标准 0.80，适用于 100kVA（kW）及以上的农业用户和趸售用户，但大工业用户未划由电业直接管理的趸售用户，功率因数标准应为 0.85。

## 四、电能计量

电能计量装置是电能表与其配合使用的计量互感器、二次回路及计量柜（屏、箱）所组成的整体的统称。包括以下四个部分：电能表；计量用互感器（电流互感器和电压互感器）；电能表与互感器之间的连接线（二次线）；计量柜（屏、箱）。

### 电 能 计 量 部 分

由各种类型的电能表或计量用电压、电流互感器（或专用二次绕组）及其二次回路相连接组成的用于计量电能的装置，包括电能计量柜（箱、屏）。

### 电能表的主要技术参数

电能表是测量电能的专用仪表，是电能计量最基础的设备，广泛用于发电、供电和用电的各个环节。本模块主要介绍电能表的分类、型号及铭牌标志符号的含义和主要技术参数。

### 一、电能表的分类

#### （一）按使用电路分类
电能表按其安装使用的电路可分为直流电能表和交流电能表。

#### （二）按工作原理分类
电能表按其工作原理可分为电气机械式电能表和电子式能表（又称静止式电能表、固态式电能表）。电气机械式电能表是用于交流电路作为普通的电能测量仪表，可分为感应型、电动型和磁电型，其中最常用的是感应型电能表。电子式电能表可分为全电子式电能表和机电式电能表。

#### （三）按相线分类
交流电能表按其相线可分为单相电能表、三相三线电能表和三相四线电能表。其中：单相电能表一般用于单相供电的低供低计客户的用电；三相三线电能表主要用于高供高计客户的用电；三相四线电能表主要用于高供低计、低供低计客户的用电。

### （四）按结构分类

电能表按其结构可分为整体式电能表和分体式电能表。

### （五）按用途分类

电能表按其用途可分为有功电能表，无功电能表，最大需量表，标准电能表，复费率分时电能表，预付费电能表，损耗电能表和多功能电能表，单相本地费控智能电能表，多用户智能电能表，费控智能电能表等，二象限有功、无功组合多功能电能表，四象限有功、无功组合多功能表。

### （六）按准确度等级分类

电能表按其准确度等级可分为普通安装式电能表（0.2S、0.5S、0.2、0.5、1.0、2.0、3.0 级）和携带式精密级电能表（0.01、0.02、0.05、0.1、0.2 级）。

### （七）按用户付费方式不同分类

电能表可分为正常付费电能表、预付费电能表和预付费智能电能表。

## 二、电能表的型号及铭牌标志的含义

### （一）电能表的型号含义

1. 名称

标明该电能表按用途分类的名称。

2. 型号

我国对电能表型号的表示方式规定如下：

铭牌标示规律：类别代号＋组别代号＋设计序号＋派生号。

（1）类别代号：D—电能表。

（2）组别代号：

表示相线：D—单相；S—三相三线有功；T—三相四线有功。

表示用途：A—安培小时计；X—无功；B—标准；D—多功能；S—全电子式；Z—最大需量；F—复费率；H—总耗；J—直流；T—长寿命；M—脉冲；Y—预付费。

（3）设计序号：用阿拉伯数字表示。

（4）派生号：T—湿热、干燥两用；TH—湿热带用；TA—干热带用；G—高原用；H—船用；F—化工防腐用等。

例如：

DD——单相电能表，如 DD862 型、DD28 型。

DS——三相三线有功电能表，如 DS864 型。

DT——三相四线有功电能表，如 DT862 型、DT864 型。

DX——无功电能表，如 DX862 型、DXD 型。

DB——标准电能表，如 DB2 型、DB3 型。

DDY——单相预付费电能表，如 DDY59 型。

DSF——三相三线复费率电能表。

DDSF——预付费集中式智能电能表，如 DDSF－K 型。

DTZY——三相四线费控智能电能表，如 DTZY866 型。

DDZY——单相本地费控智能电能表，如 DDZY866 型。

DDSH——多用户智能电能表，如 DDSH1999 型。

### （二）电能表的铭牌和技术参数

电能表的铭牌应满足如下要求：厂家商标、执行标准、电能表型号、名称、电压电流规格、脉冲常数、计量器具许可、资产编码、表号、制造厂家名称等；铭牌标识清晰、不褪色，带有条形码，条形码应为白底黑字。

1. 电能表名称、型号及表号

电能表的名称及型号通常位于铭牌中间位置，表号用数字阿拉伯数字表示，并辅以条形码供机器识别。如 DDZY719－Z 型单相费控智能电能表。

2. 确度等级

用置于圆圈中的数字来表示，表明电能表按规程检定其误差时，其相对误差的绝对值不允许超过圆圈中的等级数字。如圆圈内数字 1 表明该表准确度等级为 1.0 级。

3. 电能计量单位

计量单位是指电能表测量是有功电量还是无功电量，有功电能表的电能计量单位为千瓦时（kWh）；无功电能表的电能计量单位为千瓦时（kvar·h）。

4. 参比电流和最大电流

参比电流也叫基本电流或标定电流，是确定电能表有关特性的电流值，以 $I_b$ 表示；最大电流（也叫额定最大电流）是仪表能满足其制造标准规定的准确度的最大电流值，以 $I_{max}$ 表示。如 1.5（6）A 即电能表的基本电流值为 1.5A，额定最大电流为 6A。如果额定最大电流小于基本电流的 150%，则只标明基本电流。对于三相电能表还应在前面乘以相数，如 3×5（20）A；对于经电流互感器接入式电能表，则标明互感器二次电流，以/5A 表示，电能表的基本电流和额定最大电流可以包括在型式符号中，如 3×1.5（6）A。

5. 参比电压

指确定电能表有关特性的电压值，以 $U_N$ 表示。对于三相三线电能表，以相数乘以线电压表示，如 3×100V；对于三相四线电能表，则以相数乘以相电压/线电压表示，如 3×220/380V；对于单相电能表，则以电压线路接线端上的相电压表示，如 220V。

6. 参比频率

指确定电能表有关特性的频率值，以赫兹（Hz）作为单位。我国电能表的参比频率是 50Hz。

7. 电能表常数

指电能表记录的电能和相应的转数或脉冲数之间关系的常数。有功电能表以 kWh/r（imp）或 r（imp）/kWh 形式表示；无功电能表以 kvarh/r（imp）或 r（imp）/kvarh 形式表示。电能表常数的两种形式互为倒数关系。如电能表有功常数为 3200imp/kWh，表示转数或脉冲为 3200 时，电能表记录 1kWh。

8. 计量许可证

计量许可证用 MC 表示。许可证标志由技术监督部门审批后签发，MC 是计量认可标记，M 表示"计量器具"的英文缩写，C 表示"许可证"的英文缩写。

9. 制造标准

电能表制造的标准，如 GB/T ×××××—2021。这个标准是中华人民共和国国家标准，是生产电能表所根据的国家标准。

10. 绝缘标志

采用Ⅱ级防护绝缘封闭电能表的符号，标志为"回"，户外用电能表的符号"C"，电能表的生产制造必须具有符号适用国家强制标准这两种符号。

### 三、智能电能表

#### （一）单相智能电能表

1. 规格要求

（1）标准的参比电压见表 2-7。

表 2-7                                                        标准的参比电压

| 电能表接入线路方式 | 参比电压（V） |
| --- | --- |
| 直接接入 | 220 |

（2）标准的参比电流见表 2-8。

表 2-8                                                        标准的参比电流

| 电能表接入方式 | 标准值（A） |
| --- | --- |
| 直接接入 | 5、10、20 |
| 经电流互感器接入 | 1.5 |

（3）最大电流应是参比电流的整数倍，倍数不宜小于 4 倍。

2. 显示

（1）显示方式。如图 2-7 所示。不同类型的电能表可参照如图 2-7 所示内容，对显示符号、汉字、数字及其布局进行调整，但应能够完整显示 DL/T 1487—2015《单相智能电能表技术规范》所规定的显示内容。显示当前电能表的电压、电流（包括零线电流）、功率、功率因数等运行参数，显示器字符信息的设计应参照《三相智能电能表型式规范》中给出的 LCD 显示参考图，显示内容见表 2-9。

单相智能电能表 LCD 显示界面信息的排列位置为示意位置，可根据客户需要调整。

图 2-7　单相智能电能表 LCD 显示界面

表 2-9　　　　　　　　　　单相智能电能表 LCD 各图形、符号说明

| 序号 | LCD 图形 | 说明 |
|---|---|---|
| 1 | 当前上 ¦8 月总尖峰平谷剩余常数 阶梯赊欠用电量价时间段金额表号 | 1）当前、上1月-上12月的用电量、累计电量 2）时间、时段 3）阶梯电价、电能量1234 4）赊、欠电能量事件记录 5）剩余金额 6）常数、表号 |
| 2 | -8.8.8.8.8.8.8.8 元 kWh | 数据显示及对应的单位符号 |
| 3 | ① ② ◀━ ⊠ ☎ ⋀ ⊟ 🔒 | 1）①②代表第1、2套时段 2）功率反向指示 3）电池欠压指示 4）红外、485 通信中 5）载波通信中 6）允许编程状态指示 7）三次密码验证错误指示 |
| 4 | 读卡中成功失败请购电拉闸透支囤积 | 1）IC卡"读卡中"提示符 2）IC卡读卡"成功"提示符 3）IC卡读卡"失败"提示符 4）"请购电"剩余金额偏低时闪烁 5）继电器拉闸状态指示 6）透支状态指示 7）IC卡金额超过最大储值金额时的状态指示（囤积） |
| 5 | ①② ③④ 尖峰 平谷 ⚠①② | 1）指示当前运行第"1、2、3、4"阶梯电价 2）指示当前费率状态（尖峰平谷） 3）指示当前使用第1、2套阶梯电价 |

（2）显示要求。

1）电能表至少应能显示以下信息：

当月和上月月度累计用电量，本次购电金额，当前剩余金额，各费率累计电能量示值和总累计电能量示值，插卡及通信状态提示，表地址。

2）有功电能量显示单位为千瓦时（kWh），显示位数为8位，含2位小数，只显示有效位。

3）剩余金额显示单位是元；显示位数为8位，含2位小数，只显示有效位。

4）具体显示内容及代码要求参见 DL/T 1490—2015《智能电能表功能规范》。

（3）停电显示。

1）停电后，液晶显示自动关闭。

2）液晶显示关闭后，可用按键或其他方式唤醒液晶显示；唤醒后如无操作，自动循环显示一遍后关闭显示；按键显示操作结束 30 秒后关闭显示。

### （二）三相智能电能表

1. 规格要求

（1）标准的参比电压见表 2—10。

表 2—10　　　　　　　　　　标 准 的 参 比 电 压

| 电能表接入线路方式 | 参比电压（V） |
| --- | --- |
| 直接接入 | 3×220/380，3×380 |
| 经电压互感器接入 | 3×57.7/100，3×100 |

（2）标准的参比电流见表 2—11。

表 2—11　　　　　　　　　　标 准 的 参 比 电 流

| 电能表接入方式 | 标准值（A） |
| --- | --- |
| 直接接入 | 5、10、15、20、30 |
| 经电流互感器接入 | 1.5 |

（3）最大电流应是参比电流的整数倍，倍数不宜小于 4 倍。

2. 显示

（1）显示方式。各图形、符号如图 2—8 所示。

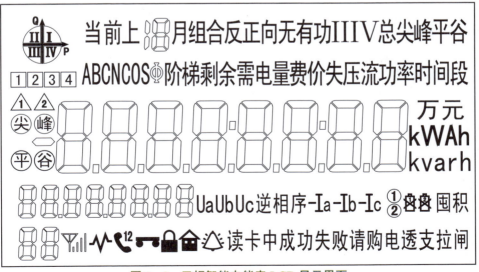

图 2—8　三相智能电能表 LCD 显示界面

各图形、符号说明见表 2–12。

表 2–12　　　　　　　三相智能电能表 LCD 各图形、符号说明

| 序号 | LCD 图形 | 说明 |
|---|---|---|
| 1 | Q Ⅱ Ⅰ Ⅲ Ⅳ P | 当前运行象限指示 |
| 2 | 当前上 月组合反正向无有功ⅠⅢⅣ总尖峰平谷 ABCNCOS阶梯剩余需电量费价失压流功率时间段 | 1）当前、上1月–上12月的正反向有功电量，组合有功或无功电量，Ⅰ、Ⅱ、Ⅲ、Ⅳ象限无功电量，最大需量，最大需量发生时间<br>2）时间、时段<br>3）分相电压、电流、功率、功率因数<br>4）失压、失流事件记录<br>5）阶梯电价、电量 1234<br>6）剩余电量（费），尖、峰、平、谷电价 |
| 3 | -8.8.8.8.8.8.8.8 万元 kWAh kvarh | 数据显示及对应的单位符号 |
| 4 | 8.8.8.8.8.8.8.8 8.8 | 上排显示轮显/键显数据对应的数据标识，下排显示轮显/键显数据对应的数据标识的组成序号 |
| 5 | ① ② ⑧ ⑧ Ⓨ↗⤳☎12 🚐🔒🏠🔔 | 1）① ② 代表第 1、2 套时段<br>2）时钟电池欠压指示<br>3）停电抄表电池欠压指示<br>4）无线通信在线及信号强弱指示<br>5）载波通信<br>6）红外通信，如果显示 1 表示第 1 路 485 通信，如果显示 2 表示第 2 路 485 通信<br>7）允许编程状态指示<br>8）三次密码验证错误指示<br>9）实验室状态<br>10）报警指示 |
| 6 | 囤积 读卡中成功失败请购电透支拉闸 | 1）IC 卡"读卡中"提示符<br>2）IC 卡读卡"成功"提示符<br>3）IC 卡读卡"失败"提示符<br>4）"请购电"剩余金额偏低时闪烁<br>5）透支状态指示<br>6）继电器拉闸状态指示<br>7）IC 卡金额超过最大费控金额时的状态指示（囤积） |

续表

| 序号 | LCD 图形 | 说明 |
|---|---|---|
| 7 | UaUbUc逆相序-Ia-Ib-Ic | 1）三相实时电压状态指示，Ua、Ub、Uc 分别对于 A、B、C 相电压，某相失压时，该相对应的字符闪烁；某相断相时则不显示<br>2）电压电流逆相序指示<br>3）三相实时电流状态指示，Ia、Ib、Ic 分别对于 A、B、C 相电流，某相失流时，该相对应的字符闪烁；某相电流小于启动电流时则不显示。某相功率反向时，显示该相对应符号前的"－" |
| 8 | 1 2 3 4 | 指示当前运行第"1、2、3、4"阶梯电价 |
| 9 | 尖 峰 平 谷 | 1）指示当前费率状态（尖峰平谷）<br>2）指示当前使用第 1、2 套阶梯电价 |

（2）显示要求。

1）具备自动循环显示、按键循环显示、自检显示，循环显示内容可设置。

2）测量值显示位数不少于 8 位，显示小数位可根据需要设置 0 至 4 位；显示应采用国家法定计量单位，如：kW、kvar、kWh、kvarh、V、A 等，只显示有效位。

3）至少显示各费率累计电能量示值和总累计电能量示值、最大需量、有功电能方向、日期、时间、时段、当月和上月月度累计用电量、费控电能表必要信息、表地址；具体显示内容及代码要求参见 DL/T 1490—2015《智能电能表功能规范》以及相应电能表技术规范，显示数据应清晰可辨。

4）显示自检报警代码；报警代码应在循环显示第一项显示；报警代码至少包括下列事件：

① 时钟电池电压不足；

② 有功电能方向改变（双向计量除外）。

5）显示自检出错代码。出错故障一旦发生，显示器必须立即停留在该代码上，但按键显示可以改变当前代码，来显示其他选项。出错代码至少包括下列故障：内部程序错误、时钟错误、存储器故障或损坏。

6）需要时应能显示电能表内的预置参数。

7）可选择显示冻结量、记录（事件）等内容。

8）具有停电后唤醒显示功能。

（3）停电显示。

1）停电后，液晶显示自动关闭。

2）液晶显示关闭后，可用按键或其他非接触方式唤醒液晶显示；唤醒后如无操作，自动循环显示一遍后关闭显示；按键显示操作结束 30 秒后关闭显示。

## 互感器的主要技术参数

由于仪表的量限不能无限扩大，在计量交流电网中的高电压、大电流系统的电能时，需要使用一种能按比例地变换被测交流电压或电流的计量器具。其中变换交流电压的称为电压互感器，文字符号为 TV（旧称 PT、YH）；变换交流电流的称为电流互感器，文字符号为 TA（旧称 CT、LH）。互感器的作用就是对交流电网上的高电压、大电流进行变换，以满足仪表工作的需要，并把高压回路和仪表回路隔离，有效保护仪表及工作人员的安全，同时利用互感器把二次电压、电流统一起来，有利于电能表制造规格的规范化。

### 一、互感器的作用

（1）利于扩大测量仪表的量程，而且功耗小，因为互感器将大电流或高电压降低为小电流或低电压。

（2）有利于测量仪表的标准化和小型化，因为使用互感器以后不必要再按测量电流的大小或测量电压的高低设计不同量程的仪表。

（3）有利于保障测量工作人员和仪表设备的安全，因为互感器隔离了被测电路的大电流或高电压。当电力线路发生故障出现过电压或过电流时，由于互感器铁芯趋于饱和，其输出不会呈正比增加，能够起到对测量人员及仪表的保护作用。

（4）有利于降低测量仪表等二次设备的绝缘要求，因为使用互感器以后不必再按实际被测电流或电压设计测量仪表，从而简化仪表工艺、降低生产成本，方便安装使用。

（5）有利于进行远距离测量，因为使用互感器以后可以利用较长的小截面导线方便地进行远距离测量。

另外，可以通过互感器取出零序电流或零序电压分量供反映接地故障的继电保护装置使用；还可以通过互感器改变接线方式，满足各种测量和保护的要求，而不受一次回路的限制。

## 二、互感器的分类

### （一）电流互感器的分类

（1）按电压等级：可分为高压和低压，高供高计电能计量装置采用高压电流互感器，高供低计电能计量装置采用低压电流互感器。低压电流互感器按外形可分为羊角式与穿心式，可根据实际需要选择。对于大变比的低压电流互感器，采用羊角式；而小变比的低压电流互感器采用穿心式。

（2）按安装地点：可分为户内式和户外式电流互感器。

（3）按绝缘种类：可分为油绝缘、浇注绝缘、干式、瓷绝缘和气体绝缘等电流互感器。

（4）按用途：可分为测量用和保护用电流互感器。

（5）按准确度等级：可分为 0.1、0.2S、0.2、0.5S、0.5、1.0、2.0、3.0、5.0 级测量用电流互感器和 5P、10P 级保护用电流互感器（P 表示保护用），用于试验进行精密测量的还有 0.01、0.02、0.05 级。电能计量装置通常用 0.2S、0.5S 级测量用电流互感器。

### （二）电压互感器的分类

（1）按相数：可分为单相和三相电压互感器。

（2）按安装地点：可分为户内式和户外式电压互感器。

（3）按工作原理：可分为电磁式、电容式、光电式。一般常用在配电系统的多为电磁式互感器，电容式电压互感器适用于 110kV 及以上电压等级。

（4）按绝缘方法：可分为油绝缘、浇注绝缘、一般干式和气体绝缘等电压互感器。

（5）按用途：可分为测量和保护用电压互感器。

（6）按准确度等级：可分为 0.1、0.2、0.5、1.0、2.0、3.0 级测量用电压互感器和 3P、6P 级保护用电压互感器，用于试验进行精密测量的还有 0.01、0.02、0.05 级。电能计量装置通常用 0.2、0.5 级测量用电压互感器。

## 三、互感器的型号含义

（1）电流互感器。电流互感器的型号如图 2-9 所示。

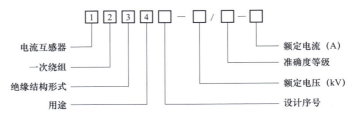

图 2-9　电流互感器的型号说明

电流互感器的型号字母含义如表 2-13 所示。

表 2-13　　　　　　　　　　电流互感器的型号字母含义

| 型号字母排列顺序 | 字母含义 |
|---|---|
| 1 | L—电流互感器 |
| 2 | A—穿墙式；B—支持式；C—瓷套式；D—单匝贯穿式；F—复匝贯穿式；M—母线式；Q—线圈式；R—装入式；Z—支柱式；Y—低压式；J—零序接地保护 |
| 3 | W—户外式；C—瓷绝缘；S—速饱和型；G—改进型；K—塑料外壳；L—电缆电容型绝缘；Z—浇注绝缘 |
| 4 | B—保护级；D—差动保护用；Q—加强式；J—加大容量 |

（2）电压互感器。电压互感器的型号如图 2-10 所示。

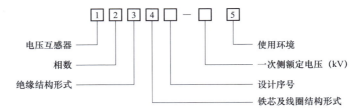

图 2-10　电压互感器的型号说明

电压互感器的型号字母含义如表 2-14 所示。

表 2-14　　　　　　　　　　电压互感器的型号字母含义

| 型号字母排列顺序 | 字母含义 |
|---|---|
| 1 | J—电压互感器 |
| 2 | S—三相式；D—单相式；C—串级式 |
| 3 | J—油浸式；G—干式；C—瓷绝缘式；Z—浇注绝缘式；R—电容分压式 |
| 4 | W—三绕组五柱铁芯结构；B—带补偿绕组；J—有接地保护用辅助绕组 |
| 5 | GY—高压型；TH—湿热带型 |

## 电能计量装置技术要求

### 一、电能计量装置分类

运行中的电能计量装置按计量对象重要程度和管理需要分为五类（Ⅰ、Ⅱ、Ⅲ、Ⅳ、Ⅴ）。分类细则及要求如下：

#### （一）Ⅰ类电能计量装置

220kV 及以上贸易结算用电能计量装置，500kV 及以上考核用电能计量装置，计量单机容量 300MW 及以上发电机发电量的电能计量装置。

#### （二）Ⅱ类电能计量装置

110（66）～220kV 贸易结算用电能计量装置，220～500kV 考核用电能计量装置，计量单机容量 100～300MW 发电机发电量的电能计量装置。

#### （三）Ⅲ类电能计量装置

10～110（66）kV 贸易结算用电能计量装置，10～220kV 考核用电能计量装置，计量 100MW 以下发电机发电量、发电企业厂（站）用电量的电能计量装置。

#### （四）Ⅳ类电能计量装置

380V～10kV 电能计量装置。

#### （五）Ⅴ类电能计量装置

220V 单相电能计量装置。

### 二、准确度等级

各类电能计量装置配置准确度等级要求如下：

（1）各类电能计量装置应配置的电能表、互感器准确度等级应不低于表 2－15 所示值。

表 2－15　　　　　　　准 确 度 等 级

| 电能计量装置类别 | 准确度等级 | | | |
| --- | --- | --- | --- | --- |
| | 电能表 | | 电力互感器 | |
| | 有功 | 无功 | 电压互感器 | 电流互感器 |
| Ⅰ | 0.2S | 2 | 0.2 | 0.2S |
| Ⅱ | 0.5S | 2 | 0.2 | 0.2S |

续表

| 电能计量装置类别 | 准确度等级 | | | |
|---|---|---|---|---|
| | 电能表 | | 电力互感器 | |
| | 有功 | 无功 | 电压互感器 | 电流互感器 |
| Ⅲ | 0.5S | 2 | 0.5 | 0.5S |
| Ⅳ | 1 | 2 | 0.5 | 0.5S |
| Ⅴ | 2 | — | — | 0.5S |
| 发电机出口可选用非 S 级电流互感器 | | | | |

（2）电能计量装置中电压互感器二次回路电压降应大于其额定二次电压的 0.2%。

### 三、电能计量装置接线方式

（1）电能计量装置的接线应符合《电能计量装置安装接线规则》（DL/T 825—2021）的要求。

（2）接入中性点绝缘系统的电能计量装置，应采用三相三线有功、无功或多功能电能表。接入非中性点绝缘系统的电能计量装置，应采用三相四线有功、无功或多功能电能表。

（3）接入中性点绝缘系统的电压互感器，35kV 及以上的宜采用 Yy 方式接线；35kV 以下的宜采用 Vv 方式接线。接入非中性点绝缘系统的电压互感器，宜采用 YNyn 方式接线，其一次侧接地方式和系统接地方式相一致。

（4）三相三线制接线的电能计量装置，其中 2 台电流互感器二次绕组与电能表之间应采用四线连接。三相四线制接线的电能计量装置，其中 3 台电流互感器二次绕组与电能表之间应采用六线连接。

（5）在 3/2 断路器接线方式下，参与"和相"的 2 台电流互感器，其准确度等级、型号和规格应相同，二次回路在电能计量屏端子排处并联，在并联处一点接地。

（6）低压供电，计算负荷电流为 60A 及以下时，宜采用直接式电能表的接线方式；计算负荷电流为 60A 以上时，宜采用经电流互感器接入电能表的接线方式。

（7）选用直接接入式的电能表其最大电流不宜超过 100A。

### 四、电能计量装置配置原则

（1）贸易结算用的电能计量装置原则上应设置在供用电设施的产权分界处。发电企业上网线路、电网企业的联络线路和专线供电线路的另一端应配置考核用电能计量装置。分布式电源的出口应配置电能计量装置，其安装位置应便于运行维护和监督管理。

（2）经互感器接入的贸易结算用电能计量装置应按计量点配置电能计量专用电压、电流感器或专用二次绕组，并不得接入与电能计量无关的设备。

（3）电能计量专用电压、电流互感器或专用二次绕组及其二次回路应有计量专用二次接线盒及试验接线盒。电能表与试验接线盒应按一对一原则配置。

（4）Ⅰ类电能计量装置、计量单机容量100MW及以上发电机组上网贸易结算电量的电能计量装置和电网企业之间购销电量的110kV及以上电能计量装置，宜配置型号、准确度等级相同的计量有功电量的主副两只电能表。

（5）35kV以上贸易结算用电能计量装置的电压互感器二次回路，不应装设隔离开关辅助接点，但可装设快速自动空气开关。35kV及以下贸易结算用电能计量装置的电压互感器二次回路，计量点在电力用户侧的不应装设隔离开关辅助接点和快速自动空气开关；计量点在电力企业变电站侧的可装设快速自动空气开关。

（6）安装在电力用户处的贸易结算用电能计量装置，10kV及以下电压供电的用户，应配置符合《电能计量柜》（GB/T 16934）规定的电能计量柜或电能计量箱。35kV电压供电的用户，宜配置符合GB/T 16934规定的电能计量柜或电能计量箱。未配置电能计量柜或箱的，其互感器二次回路的所有接线端子、试验端子应能实施封印。

（7）安装在电力系统和用户变电站的电能表屏，其外形及安装尺寸应符合GB/T 7267—2015的规定，屏内应设置交流试验电源回路以及电能表专用的交流或直流电源回路。电力用户侧的电能表屏内应有安装电能信息采集终端的空间，以及二次控制、遥信和报警回路的端子。

（8）贸易结算用高压电能计量装置应具有符合《电压失压计时器技术条件》（DL/T 566—1995）要求的电压失压计时功能。

（9）互感器二次回路的连接导线应采用铜质单芯绝缘线，对电流二次回路，连接导线截面积应按电流互感器的额定二次负荷计算确定，至少应不小于

4mm$^2$；对电压二次回路，连接导线截面积应按允许的电压降计算确定，至少应不小于 2.5mm$^2$。

（10）互感器额定二次负荷的选择应保证接入其二次回路的实际负荷在 25%～100%额定二次负荷范围内。二次回路接入静止式电能表时，电压互感器额定二次负荷不宜超过 10VA，额定二次电流为 5A 的电流互感器额定二次负荷不宜超过 15VA，额定二次电流为 1A 的电流互感器额定二次负荷不宜超过 5VA。电流互感器额定二次负荷的功率因数应为 0.8～1.0；电压互感器额定二次负荷的功率因数应与实际二次负荷的功率因数接近。

（11）电流互感器额定一次电流的确定，应保证其在正常运行中的实际负荷电流达到额定值的 60%左右，至少应不大于 30%。否则，应选用高动热稳定电流互感器，以减小变化。

（12）为提高低负荷计量的准确性，应选用过载 4 倍及以上的电能表。

（13）经电流互感器接入的电能表，其额定电流宜不超过电流互感器额定二次电流的 30%，其最大电流宜为电流互感器额定二次电流的 120%左右。

（14）执行功率因数调整电费的电力用户，应配置计量有功电量、感性和容性无功电量的电能表；按最大需量计收基本电费的电力用户，应配置具有最大需量计量功能的电能表；实行分时电价的电力用户，应配置具有多费率计量功能的电能表；具有正、反向送电的计量点应配置计量正向和反向有功电量以及四象限无功电量的电能表。

## 电能计量装置的安装接线原则

电能计量装置的安装接线原则和要求，按《电能计量装置安装接线规则》（DL/T 825—2021）相关条款执行。

### 一、通用安装要求

电能计量装置的安装应符合下列要求：

（1）同一组的电流（电压）互感器应采用制造厂、型号、额定电流（电压）变比、准确度等级、二次容量均相同的互感器。

（2）二只或三只电流（电压）互感器进线端极性符号应一致，以便确认该组电流（电压）互感器一次及二次回路电流（电压）的正方向。

（3）35kV 以上电压互感器一次侧安装隔离开关，二次侧安装快速熔断器或快速开关；35kV 及以下电压互感器一次侧应安装熔断器，二次侧不得加装熔断器。

（4）低压计量电压回路不得加装熔断器。

（5）电能计量专用电压、电流互感器或专用二次绕组及其二次回路应安装计量专用二次接线盒或试验接线盒，试验接线盒应符合试验接线盒的技术要求。

（6）金属材质的计量柜（屏）、计量箱必须可靠接地。

（7）互感器二次端子排、电能表、计量箱（柜）、联合接线盒应实施封印。

## 二、计量柜（屏）安装要求

计量柜（屏）安装应符合下列要求：

（1）计量柜可设置在主受电柜后面。

（2）计量柜（屏）上的设备与各构件间连接应牢固，允许偏差应满足 GB 50171—2012 的要求。

（3）电能表和电能信息采集终端宜平行排列，设备下端应加有回路名称的标签。

（4）电能表、电能信息采集终端宜装在 0.8～1.8m 的高度（设备水平中心线距地面尺寸），至少不应低于 600mm。

（5）电能表、电能信息采集终端应分别安装在固定夹具上，安装必须垂直牢固，设备中心线向各方向的倾斜不大于 1°。

（6）电能表与电能表、电能信息采集终端之间的水平距离不应小于 80mm。

（7）单相电能表之间的距离不应小于 30mm。

（8）试验接线盒、电能表、电能信息采集终端与壳体之间的距离不应小于 60mm。

（9）电能表、电能信息采集终端与试验接线盒之间的垂直距离不应小于 40mm。

（10）计量柜（屏）柜体接地应牢固可靠，标识应明显。柜内二次回路接地应设接地铜排。电流互感器二次回路中性点应分别一点接地，接地截面不应小于 4mm²，且不得与其他回路接地压在同一接线鼻子内。

（11）安装后的计量柜（屏）孔洞应封堵严密。

### 三、计量箱安装要求

计量箱安装除符合 DL/T 1745 的要求外，还应符合下列要求：

（1）计量箱应紧靠近进线处，柜式应落地安装，箱式可采用悬挂或嵌墙安装。

（2）柜式的进线和互感器一次采用硬母排，互感器一次排应为单排形式，排间距离保证不同外形尺寸互感器的安装。箱式的一次进、出应有固定和密封措施，按照进线、互感器、仪表、控制的顺序顺向排列布局计量箱结构分布。

（3）宜预留互感器固定支架，互感器采用穿心式或母排式。

（4）低压穿芯式电流互感器应采用固定单一的变比，以防发生互感器倍率差错。

### 四、基本施工工艺

基本施工工艺应符合如下要求：

（1）按图施工、接线应正确；电气连接应可靠、接触良好；配线应整齐美观；导线应无损伤、绝缘良好，接入端子处松紧应适度，接线处铜芯不应外露、不应有压皮。

（2）二次回路接线的施工质量宜符合《电能计量装置安装接线规则》（DL/T 825—2021）的要求，有且仅有一点接地，且接线应注意电压、电流互感器的极性端符号。

（3）二次回路接好后，应进行接线正确性检查。

（4）电流互感器二次回路每只接线螺钉最多允许接入两根导线。

（5）当导线接入的端子是接触螺钉，应根据螺钉的直径将导线的末端弯成一个环，其弯曲方自应与螺钉旋入方向相同，螺钉（或螺母）与导线间、导线与导线间应加垫圈。

（6）直接接入式电能表采用多股绝缘导线，应按表计容量选择。遇若选择的导线过粗时，应采用断股后再接入电能表端钮盒的方式。

（7）电能表和电能信息采集终端的端钮盒的接线端子应一孔一线，孔线对应。

（8）电能信息采集终端通信天线安装应满足通信信号要求，馈线与天线应可靠旋紧，安装在计量（柜）外的馈线应穿管保护。

（9）多表位表箱内预留表位的导线裸露部分应采取绝缘措施，并断开对应开关。

### 五、电能计量装置的正确接线图

常用电能计量装置的正确接线图如图 2－11～图 2－17 所示。

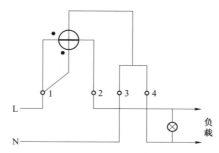

图 2－11 单相有功电能表直接接入式接线方式

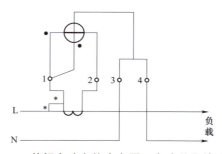

图 2－12 单相有功电能表电压、电流共用接线方式

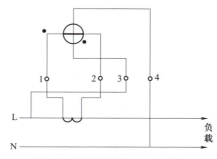

图 2－13 单相有功电能表电压、电流分开接线方式

数字化供电所综合柜员业务能力提升培训教材

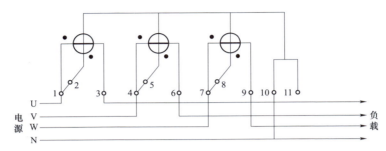

图 2-14　三相四线有功电能表直接接入式接线方式

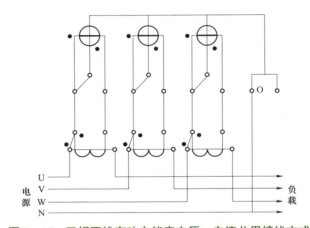

图 2-15　三相四线有功电能表电压、电流共用接线方式

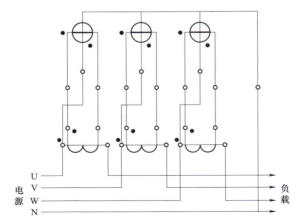

图 2-16　三相四线有功电能表电压、电流分开接线方式

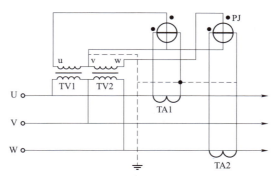

图 2-17 三相三线有功电能表经电压互感器、电流互感器分相接线方式

## 六、用电信息采集

国网吉林省电力有限公司范围内推广应用的是新一代用电信息采集系统（采集 2.0），新系统在原用电信息采集系统"全采集""全覆盖"和"全费控"基础上，实现了用电信息采集工作的全方位升级。

### （一）建设背景

1. 总体背景及面临的形势

为应对环境污染、气候变化、能源安全等问题，国家提出实现"碳达峰、碳中和"目标，加快构建以新能源为主体的新型电力系统，随着建设的不断推进，客户侧面临着节能降碳、应急救灾、电力市场化改革、分布式电源规模化应用、数字化转型等新形势，从而带来碳监测、应急救灾指挥支撑、有序用电、分布式电源可观可测等一系列新的业务需求。

2. 采集 1.0 系统的不足

（1）数据采集频度、广度不足，无法支持新业务发展需求：客户侧用能设备大量接入、原系统采集频度广度不足，采集策略灵活度不够，无法满足千万用户高频采集，难以支持新业务发展需求。

（2）实时调控手段缺失，难以满足专业需要：采集 1.0 缺少客户侧可控负荷调控能力，难以满足现阶段新型电力系统负荷调控、分布式电源可控可测等新业务需要。

（3）存储架构设计落后，海量数据处理能力不足：传统 IOE 架构构建，算力集中，无法满足 PB 级数据量数据存储、处理要求，水平弹性扩展，快速适应数据增长的需求。

（4）业务迭代能力弱，应用成果无法共享：采集1.0应对新业务需求快速响应能力弱，且存在业务功能重复建设、标准不统一、全网应用成果不共享等问题。

（5）缺乏运维监控工具，移动端应用支撑能力不足：在系统运维方面，监控方法单一，仅仅查看连接池、线程运行状况等信息，缺少有效的监控与预警工具，同时不能满足现场人员移动端应用需求。

3. 新形势、新业务对采集提出新要求

新一代用电信息采集系统（以下简称采集2.0）在采集能力、数据分析、运行监测、负荷控制、数据共享等方面将全面大幅提升，实现"四个转变"："单一电量"数据向"全量电力"数据采集的转变，"定时单次"采集向"实时高频"采集的转变，"欠费停电控制（费控）"向"精准负荷控制、用能优化控制"转变，"生产域"向到"生产控制区"转变（图2-18）。

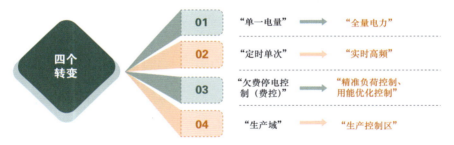

**图2-18 新一代用采系统实现的四个转变**

4. 国网公司总部工作部署

（1）2021年3月：国网营销部关于印发新一代用电信息采集系统标准化设计纲要的通知（营销计量〔2021〕16号）。

（2）2021年7月：辛保安董事长在"深入学习贯彻习近平总书记'七一'重要讲话精神加快推动新型电力系统建设会议"中强调要"构建新一代用电信息采集系统"。

（3）2021年10月：国网营销部新一代用电信息采集系统建设推进会，2021年底6家试点单位完成部署上线，2022年完成其余单位的推广应用。

（4）2021年10月：庞骁刚副总经理在市场营销四季度工作会上要求加快采集主站2.0升级改造、完成总部侧采集2.0顶层设计、核心业务功能开发，实现6家单位采集2.0及两个标准化微应用的部署上线。

### （二）定位及目标

采集 2.0 是电力监控系统，应作为"感知数据总入口、控制指令总出口"，参照调度生产系统建设，保持系统的完整性、独立性。坚持"数字化转型、网络化接入、智能化互动、定制化服务"四项原则，强化"做强系统信息采集能力、做细基层业务支撑能力、做新智能双向互动能力、做优新兴业务服务能力、做实安全运行容灾能力"五个能力，构建"市场能源交易生态、智能配网运营生态、末端精益运维生态、色能源服务生态、营商环境优化生态"五个生态，遵循"架构普适前瞻、技术稳定先进、功能独立扩展、界面量身定制"设计理念，打造成性能卓越、功能丰富、安全稳定的客户侧能源互联网基础系统。

### （三）系统介绍

1. 建设模式

新一代用电信息采集系统以"标准化设计、动态化监测、智能化互动、定制化服务"为原则，通过"1+27"建设，实现总部侧系统与省侧系统高效协同，全面提升总部监督、管理、指挥、服务能力和省公司采集、监测、控制能力，构建两级感知互动协同模式。促进省间业务融合、数模统一、应用规范，共同构建新型智慧营销计量服务体系（图 2-19）。

2. 省级系统总体架构

省侧系统由统一基座、生产应用、交互共享管控平台和通信管理四部分组成；统一基座提供框架支撑、数据存储、计算分析、应用服务、交互规范等能力；生产应用承载数据采集、控制执行、线损分析、运行监测等营销采集生产业务；交互共享管控平台统一管理主站与外部系统交互数据，通信管理负责设备接入、数据交互等功能（图 2-20）。

（1）统一基座。

基座的定位：统一基座以"通用资源与服务集合"为基本定位，为采集 2.0 提供标准化与可定制的服务能力，具备"生产"+"调控"+"统一管理"三层能力，覆盖存储、计算、应用+负荷调节与控制+基座管理、运行监控等功能。具备良好的框架支撑、基础、调控、管理和标准能力（图 2-21）。

① 基座的框架支撑能力：统一基座融合"大云物智移"等技术，提供可演进、可生态、可监控的系统框架，支撑"1+27"模式下统筹规划、高效建设、先进应用。能够解决框架重复建设、先进技术难复用、创新生态难形成等问题。主要功能有存储框架、计算分析框架、调控框架、微服务管理框架、微前端框架、监测与告警、千人千面交互框架等。

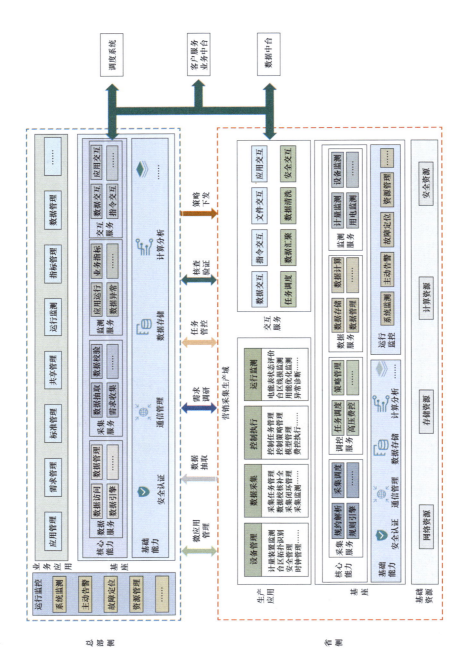

图 2-19 新一代用采系统建设模式

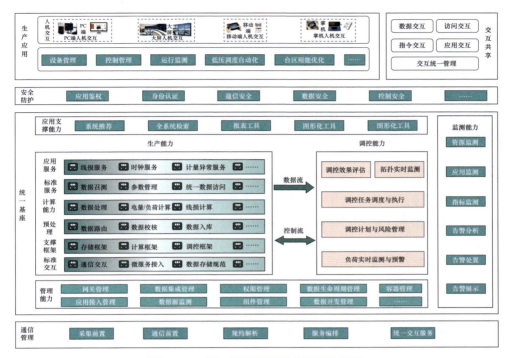

图 2-20 新一代用采系统省级总体架构

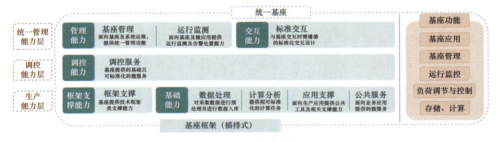

图 2-21 基座定位

② 基座的基础能力：统一基座具备计算、数据处理、公共服务和应用支撑能力。

计算能力基于分布式混合存储架构，具备业务计算按需实现，集成可标准化业务分析场景，满足高性能计算需求，支撑相关计算任务的快速实现的功能。能够解决存储动态难拓展、计算性能不足、计算分析重复建设等的问题。可以满足电量、负荷、指标、线损、时钟、光伏、设备评价等计算任务。

数据处理能力充分考虑各级采集策略，实现数据分门别类按需消费、数据实时校验、分钟级数据采集及高效入库，满足数据按需采集，支撑各维度、各频次业务分析。有效解决数据处理能力弱、不能即采即校即用、数据处理资源动态分配能力弱等问题。适用于数据路由、数据校核、数据入库。

公共服务能力基于三层微服务设计原则，沉淀系统公共能力，提供高可用、可复用的公共微服务，支撑各单位微应用的快速、高效实现。解决公共能力重复建设、生产应用能力不足、先进成果不易复用等问题。实现数据访问、数据脱敏、数据召测、任务调度、6 个业务实体（台区、终端、电表、用户、单位、配电变压器）的业务封装。

应用支撑能力为微应用设计与实现提供微服务及公共工具支撑，实现可标准化业务微服务沉淀，支持各单位定制化微应用快速实现，支撑全网范围内的微应用生态逐步构建。

解决业务能力难复用、标准业务难推广、先进应用难拓展等问题。实现线损监测、时钟监测、采集异常监测（失压、过载、失流、窃电）以及推荐工具、检索工具、报表工具、图形工具、知识库、标签库等功能。

③ 基座的调控能力：统一基座面向费控管理、负荷精准控制、分布式光伏监测与控制、有序用电执行、台区用能优化等场景，提供调控框架，支撑各单位快速实现可靠调控相关能力实现。解决调控执行过程难监测、执行方式单一、执行效果难评估等问题。可实现台区负荷精准预测、调控任务管理、调控过程实时监测、调控对象自动成图可视化、调控执行效果评估等功能。

④ 基座的管理能力：统一基座面向系统各专业运维角色，提供配套可视化管理工具，支撑各单位定制化微应用接入、标准化数据模型管理、系统运行状态监测及告警分析处置等工作高效开展。解决系统数模标准化管理工具缺失、运行全流程监测难、系统运维复杂度高等问题。实现微应用接入、容器管理、数模管理、数据管理、组件管理、运行监测、告警管理、业务指标监测、资源关联分析、日志分析等功能需求。

⑤ 基座的标准能力：统一基座综合考虑数据采集、数据存储、数据交互、数据应用等维度，提供数据、存储、微服务以及人机交互等标准化设计规范，为基座适用、能力复用、交互拓展提供支撑。解决交互规范缺失、先进成果难推广、应用生态难构建、成熟数据难复用等问题。可实现人机交互典型设计、微服务设计规范、微应用接入规范、存储设计规范、通信管理交互规范、微服务交互规范、交互共享交互规范等功能。

（2）生产应用。

1）功能简介：采集 2.0 以提升系统稳定性、可维护性、可扩展性、避免重复建设等为目标，对核心业务深入分析，积累当前先进成果，构建微应用生态。采集 2.0 系统共包含"基础采集、基本应用域、系统支撑、拓展应用域、"四大框架 46 个生产应用，根据业务要求的不同，将 46 个生产应用划分为标准应用和定制化应用，达到先进应用可复制、个性应用可定制的目标。

2）应用框架介绍。

① 基础采集：共分为档案管理、设备装接、任务管理、参数管理、数据采集、设备管理组件 6 个功能模块，实现各项采集基础任务应用。

② 基本应用：有低压费控管理、高压负控管理、设备升级管理、通信协议管理、采集质量管理、现场运行设备评价、非介入式负荷辨识、计量器具状态监测、智能锁具、时钟管理、电压质量分析、设备运行监测、台区线损监测、反窃电监控、用电异常监测、采集异常监测、设备主人制管理、运维闭环管理等功能模块，为采集运维管理提供数据采集、指标分析、业务辅助等应用。

③ 系统支撑：有系统管理、交流社区、标签库管理、知识库管理、模型管理、报表管理、业务运行监测、综合查询、智能检索、拓扑图形管理、脱敏管理等功能模块，为新一代用采系统提供基础支撑功能。

④ 拓展应用：具备配电变压器监测、台区用能优化、分布式电源监测、停电分析、重点用户监测、全感知精品台区管理、多表合一监测、有序用电执行、低压调度自动化、台区拓扑监测、电力市场支撑监测等功能模块，为特定用户在台区管理、用电分析，客户监测等功能应用提供支持（图 2-22）。

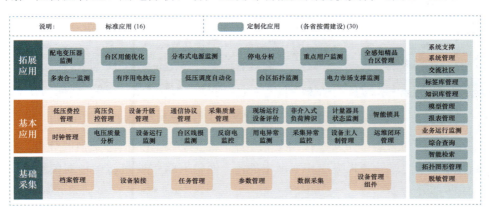

**图 2-22 新一代用采系统应用总体框架**

（3）交互共享管控平台。在安全管控方面，基于"集中、开放、云化"原则打造交互共享管控平台（ESP），具备业务服务网关、配置管理应用、交互监测应用、数据安全监测应用等模块，提供面向营销、数据中台、总部侧采集系统等各专业系统交互集成扩展能力，解决管理不规范、缺乏安全监管、接口重复建设、维护难等问题，为采集 2.0 系统建设统一交互共享门户夯实基础。

其中业务服务网关（BSGW）对外提供统一接入、统一标准的接口交互等能力；配置管理应用、提供授权管理、优先级管理等基础数据配置，支撑业务网关的统一管控；交互监测应用收集调用交互日志，辅助运维人员快速分析定位问题；数据安全监测应用对数据进行水印标记、分发共享、安全监测等，提供安全防护能力组件，全面保障采集系统整体安全态势以及合规性情况（图 2－23）。

图 2－23　交互共享管控平台功能架构

（4）通信管理。在新一代用采系统中，通信方式作为信息交换的载体，主要用来连接主站、采集终端和智能电能表。通信网络主要包括远程通信和本地通信两部分。

1）远程通信。远程通信指采集终端和系统主站之间的数据通信，目前吉林公司通信方式主要包括 4G 专网、230MHz 电台、北斗系统通信方式。

① 4G 专网：4G 专网普遍应用于全省 4G 信号良好，台区用户集中的地

区，是应用最为广泛的远程通信方式。作为一种专为企业客户提供的移动数据服务，它可以让用户在独立网络中，享受更高速、更稳定、更安全的网络连接，与传统的 GPRS/CDMA 无线公变相比，具备高速稳定、低延迟、安全可控等优势。

② 230MHz 电台：由于受地形地貌的影响，无线电波在传播路径中易受高层建筑物的阻挡，因此 230MHz 电台通信方式作为一种 4G 专网的替代方案，主要应用于平原地区客户稀少的台区。

③ 北斗系统：北斗卫星导航系统（以下简称北斗系统）是我国着眼于国家安全和经济社会发展需要，自主建设运行的全球卫星导航系统，已在交通运输、农林渔业、水文监测、气象测报、通信授时、电力调度、救灾减灾、公共安全等领域得到广泛应用。由于北斗系统是通过卫星进行信号和数据传输，在新一代用采系统中主要作为 4G 专网没有基站和 230MHz 电台传输无法保证采集数据的替代通信方式，吉林省东南部山高林密，用户分散，对于位于山区的专用变压器用户、低压用户和一些特殊客户，北斗系统能够很好的完成关键数据的传输工作。目前北斗系统在通化、白城地区已经开展试点应用。

2）本地通信。本地通信指采集终端和用户电能计量装置之间的数据通信，在用电信息采集系统中主要应用于集中器和采集器、集中器和智能电能表、采集器和智能电能表之间的通信，通信方式主要包括电力线载波、微功率无线、RS－485 总线等。

（四）功能成效

2023 年 10 月，采集 2.0 上线试运行，同年 11 月 20 日，原用电信息采集系统（采集 1.0）正式下线，退出应用。与上一代用电信息采集系统相比，新一代用电信息采集系统具备多元化设备灵活接入能力，支持分布式能源、储能、充电桩等设施接入，同时具备智能调度、实时在线研判等功能，具体体现在以下五个方面。

（1）采得快：采集 2.0 系统采用多轮采集＋自动透抄模式，提升采集成功率。系统每天 2:00 启动采集，以 30 分钟为周期重复执行，全量用户首轮采集时长缩短为 5 分钟，采集成功率提升至 91.69%，经过多轮采集，采集成功率达到 99.7%以上。

（2）控得准：停复电工单执行成功率大幅提升，通过微服务调用加密机方式，规避加密机链路调用异常风险，提升指令下发效率，指令下发成功率达到90%以上。

（3）分析强：依托采集 2.0 计算能力的大幅提升，电量、线损、异常研判等业务指标的计算时长大幅下降。

（4）交互好：停电数据共享从 2 分钟缩短至 10 秒内，实时曲线类共享能力提升至分钟级，数据透抄验证从最长的 5 分钟缩短至 1 分钟内响应。

（5）用得好：

1）"千人千面"驾驶舱："千人千面"驾驶舱以丰富灵活的卡片为信息载体，通过智能推荐算法，将用户最关注的内容聚合呈现在驾驶舱，实现了"人找信息"到"信息找人"的体验升级，达到驾驶舱前置最核心的 20% 信息，满足日常 80% 的工作需要。

2）智能检索与推荐：全业务智能检索与推荐，以自然语言理解与推荐算法为工具载体，以采集业务数据为数据池，贯穿采集业务，实现所查即所得，所推即所需，协助用户快速定位目标信息，呈现业务信息闭环化，助力辅助决策智能化。

3）台区线损：结合高效数据服务、智能算法模型等技术手段，以不同物理层级对线损情况进行监控，并研发智能诊断工具，提前预判线损发生场景，实现线损智能化诊断，精细化治理，为打造健康台区提供强有力的支撑。

## ● 第三节　能级提升相关技能 ●

### 一、供电所营销业务管理

供电所营销业务管理是供电企业基层单位管理用户用电业务和电力市场营销的一个重要环节，涉及业扩报装、变更用电和杂项业务处理等各项供电服务内容。

#### （一）低压客户业扩报装咨询受理

模拟案例：用户到营业厅进行低压业扩报装业务咨询，受理该咨询业务并解答客户问题。

实施作业前保证仪容仪表整洁规范，符合营业厅工作要求，注意实施过程面带微笑、礼貌热情。主要的操作过程有以下几个步骤：

（1）主动问询。问询用户业务需求。

（2）受理业务。解答用户疑问，包括业务办理所需资料以及业务办理的流程等内容。

（3）送离用户。询问客户是否需要办理其他业务、送别客户礼貌热情。

（4）清理现场。实施文明作业，完成各工作任务后恢复现场原状。

### （二）居民客户故障报修受理

模拟案例：用户到营业厅提出电量异常，情绪非常激动，作为营业厅工作人员将进行处理（排除其他原因，办理校表手续）。

要求作业人员的语言、接待行为和处理流程符合供电服务要求。实施作业前保证仪容仪表整洁规范，符合营业厅工作要求。主要的操作过程有以下几个步骤：

（1）主动问询。问询用户需求，安抚客户情绪。

（2）查询核实。请用户提供客户编号，查询客户电量。

（3）分析原因。向用户分析解释电量异常（突增、突减）原因：新增用电设备、用电时间延长、表计采集有误等。

（4）保持联络。留取用户联系方式，联系抄表员、内线班，到现场查验。

（5）发起工单。发起申请电能计量装置校验工单。

（6）信息告知。告知用户五个工作日内，答复校验结果，后续为客户更换新表，可进行延伸服务。

（7）送离用户。询问客户是否需要办理其他业务、送别客户礼貌热情。

### （三）受理居民客户分布式光伏项目新装咨询

模拟案例：用户到营业厅进行分布式光伏并网报装业务咨询，受理该咨询业务并解答客户问题。

实施作业前保证仪容仪表整洁规范，符合营业厅工作要求，注意实施过程面带微笑、礼貌热情。主要的操作过程有以下几个步骤：

（1）主动问询。问询用户业务需求（起身问好：您好！〈身相迎、微笑示座、主动问好〉请坐，请问您要办理什么业务？）。

（2）受理业务。告知申请资料：经办人身份证原件；户口本；房产证（或乡镇及以上级政府出具的房屋在使用证明）；对于利用居民楼宇屋顶或外墙等公共部位建筑安装分布式电源的项目，应征得同意楼宇内其他住户和物业公司盖章（签字）的书面同意意见，并提供公共部位建筑物或设施的使用或租用协议；对于同能源管理项目，还需要提供项目业主和电能使用方签订的合同能源管理合作协议。告知用户需要填写《分布式电源接入申请表》一式两份。告知客户受理申请后，经现场勘查，出具正式方案给客户。告知补贴政策、消纳方式、上网电价、收费标准等。

（3）送离用户。询问客户是否需要办理其他业务、送别客户礼貌热情。

（4）清理现场。实施文明作业，完成各工作任务后恢复现场原状。

### （四）居民电器损坏赔偿

模拟案例：一居民客户反映自家在上个月因欠费停电造成家中电视损坏，要求赔偿。业务员接待客户并依据《居民用户家用电器损坏处理办法》为其准确解答。

要求遵守柜台服务礼仪，执行首问负责制。主要步骤如下：

（1）问询客户需求：接待客户礼貌热情，仔细聆听客户问题并适时提问，引导客户提出问题，总结客户问题并准确解答。

（2）准确解答客户问题：咨询客户停电原因，确认客户停电不属于供电企业电力运行事故；询客户家电损坏日期，确认已超过7日；告知客户无法赔偿的原因并致歉，并指导客户自行维修。

（3）柜台送离：送别客户礼貌热情。

### （五）受理大工业客户办理暂停的申请

模拟案例：某大工业用户到营业厅办理暂停业务，受理客户业务申请。要求体现柜台服务礼仪，做到仪容仪表整洁大方，能够起身迎接、主动示坐。

（1）问询客户需求：接待客户礼貌热情，对用户咨询问题进行确认、不得随意打断客户，准确解答客户提出的咨询内容。

（2）告知客户需要资料，检查客户所带资料是否齐全：所需资料：需要提供用电主体证明（包括：法人代表有效身份证明以及加盖单位公章的营业执照、组织机构代码证、社会团体法人证书中任一种），如委托他人办理，需提供授权委托书、经办人有效身份证明。

指导客户在网上国网上进行暂停办理，告知客户所需要填写的信息及要求。

向用户进行暂停说明：解释强调关键内容，如果暂停后的容量达不到实施两部制电价规定容量标准的，我们会改为相应用电类别单一制电价计费，并执行相应的分类电价标准。

（3）主动询问客户其他需要：主动询问客户是否需要办理其他业务。

（4）柜台送离：送别客户礼貌热情。

### （六）变更用电管理

模拟案例：某机械厂（用电类别为普通工业，用电容量为80kW）迁新址，将原址卖给一房产商开发，现到供电营业厅来办理更名手续。受理此客户业务。除遵守柜台服务礼仪相关要求、执行首问负责要求外，还应做到：

（1）问询用户需求：接待客户礼貌热情，对用户咨询问题进行确认、不得随意打断客户，准确复述客户提出的咨询内容。

（2）受理用户申请。掌握变更用电流程各环节工作内容和工作要求，准确为客户办理相应业务。通过客户提供的信息查询是否欠费；查询客户用电类别；经核实新户房产开发商将此房用作办公用房，新户的用电类别与原户不同，不属于更名业务。告知客户此情况的解决方法为：建议原户申请销户；新户根据实际的用电情况按新装办理。

（3）主动推行线上办理方式：准确向用户推荐线上办电方式。

（4）柜台送离：送别客户礼貌热情。

## 二、供电所电费核算及收费管理

供电所电费核算及收费管理是电力营销业务中至关重要的环节，直接关系到电力企业的经济效益和用户满意度。供电所电费核算及收费管理涉及电费核算、收费及营销账务处理、售电统计分析、抄表催费等内容。

### （一）单相电能表、三相电能表示数抄读

模拟案例：完成抄读单相电能表及三相多功能电能表各一块，并记录抄录结果。

要求作业人员正确佩戴安全帽、线手套，着长袖工作服及绝缘鞋。实施作业前完成"三步式"验电。主要的操作过程有以下几个步骤：

（1）现场核对信息。内容包括核对现场表计信息、检查现场计量装置情况并准确无误地进行记录。

（2）信息抄录。能正确利用抄表器（移动作业终端）完成电能表数据录入（记录）。要求信息完整、正确，没有遗漏数据及单位。

（3）清理现场。实施文明作业，完成各工作任务后对现场的工具、仪表及其他物品进行情况，恢复现场原状。

### （二）抄读电子式多功能电能表，并核算计费最大需量和各时段电量

模拟案例：抄读电子式多功能电能表各时段最大需量、上月末冻结需量和峰、平、谷有功电量及总有功电量和总无功电量的示数，并核算电量及本月计费需量（各时段电量相加不等于总电量时，请按规定进行分摊）。要求作业人员正确佩戴安全帽、线手套，着长袖工作服及绝缘鞋。主要的操作过程有以下几个步骤：

（1）现场核对信息。内容包括核对现场表计信息、检查现场计量装置情况。

（2）抄读表示数。使用抄表单，正确抄表：各时段最大需量、上月末冻结需量和峰、平、谷有功电量及总有功电量和总无功电量的示数。注意书写规范。

（3）电费核算。根据抄表数据，计算目录电度电费。注意各时段电量之和与总电量相等，正确完成分摊计算。

### （三）低压居民执行分时与不执行分时电价支出的电费经济性比较

模拟案例：某低压居民客户现场装有分时计量装置，已知本月和上月峰、谷示数，计算该户执行分时和不执行分时电费的经济性比较。需要了解居民电采暖客户峰谷分时电价（吉林省）；会计算峰谷电量；了解居民阶梯电价执行标准（吉林省）。

执行分时电价：

峰电量：本月峰示数－上月峰示数＝×××kWh（电量取整数）

谷电量：本月谷示数－上月谷示数＝×××kWh（电量取整数）

峰电费：峰电量×0.562＝×××元（电费取两位小数）

谷电费：谷电量×0.329＝×××元（电费取两位小数）

执行分时总电费：峰电费＋谷电费

不执行分时电价：

总电量：本月有功总示数－上月有功总示数＝×××kWh（电量取整数）

总电费：根据吉林省居民阶梯电价分为三档。第一档为月用电量在170kWh以内，电价为0.525元/kWh；第二档为月用电量在171～260kWh之间时，电价为0.575元/kWh；第三档为月用电量在261kWh及以上时，电价为0.825元/kWh。

总电费＝170×0.525＋90×0.575＋（总电量－260）×0.825

### （四）低压非居民的电量、电费核算

模拟案例：某三相四线低压非居民客户的用电容量及电流互感器倍率，上月及本月的有功总表示数，计算该户本月电费。

倍率计算：根据给定的电流互感器变比计算出倍率。

电量计算：表差：本月有功总示数－上月有功总示数＝×××（由于有倍率，表差不得取整数）电量：表差×倍率＝×××kWh（电量四舍五入取整数）

电费计算：本月电费＝电量×电价＝×××元（电费保留2位小数）

### （五）居民客户办理销户，电费核算

模拟案例：一居民客户因某原因需要办理销户，供电所人员抄表销户当日示数，查询营销系统，查询客户电费余额。

客户本月各阶段电量：总电量＝销户当日抄表示数－上月表底数。计算第一、二、三档电量。

客户本月各阶段电费及总电费：计算客户一、二、三档电费，计算出总电费。

客户销户时应缴电费：总电费－客户电费余额。

向客户解释销户相关要求：销户必须停止全部用电容量的使用，销户时客户应与供电企业结清电费。

### （六）低保类居民客户应收电费核算

模拟案例：已知一低保户电采暖表当月和上月的峰谷示数，计算此户应收电费，说明吉林省低保用电户享受的优惠政策及发放方式。

执行分时电价时的电费：峰电量：本月峰示数－上月峰示数＝×××kWh（电量取整）。

谷电量：本月谷示数－上月谷示数＝×××kWh（电量取整数）

峰电费：峰电量×0.562＝×××元（电费取两位小数）

谷电费：谷电量×0.329＝×××元（电费取两位小数）

客户的总电费：峰电费＋谷电费

国家对城乡低保户（农村五保户）有每月10度免费电量的优惠政策。对城乡"低保户"和农村"五保户"每户给予的每月10度免费电量，采取"先收后返"的方式实施。城乡"低保户"和农村"五保户"的电费补贴由民政部门按月发放。

### （七）单一制客户电量、电费核算

模拟案例：根据某户某年某月抄表示数和上月抄表示数计算该户当月份电费。

某新装工业客户，10kV供电，高供低计，变压器容量200kVA，电流互感器为300/5；有功变损电量×kWh，无功变损电量×kWh，假设当月功率因数为×，试计算该用户当月电量电费。（设电价为××元/kWh，不考虑代收）。

已知有功峰、有功谷、有功总、正向无功、反向无功本月示数与上月示数。

倍率计算：根据互感器变比计算倍率。

电量计算：峰抄见电量＝（本月峰示数－上月峰示数）×倍率＝×××kWh

谷抄见电量＝（本月谷示数－上月谷示数）×倍率＝×××kWh

抄见有功总电量＝（本月总示数－上月总示数）×倍率＝×××kWh

平电量＝抄见有功总电量－峰抄见电量－谷抄见电量＋有功变损电量＝×××kWh

正向无功抄见电量＝（本月正无功示数－上月正无功示数）×倍率＝×××kvarh

反向无功抄见电量＝（本月正无功示数－上月正无功示数）×倍率＝×××kvarh

有功总电量＝抄见有功总电量＋有功变损电量＝×××kWh

无功总电量＝正向无功抄见电量＋反向无功抄见电量＋无功变损电量＝×××kvarh

功率因数：根据有功和无功计算的功率因数查表得电费增减率。

电度电费：峰电费＝峰电量×电价＝×××元

谷电费＝谷电量×电价＝×××元

平电费＝峰电量×电价＝×××元

总电度电费＝峰电费＋谷电费＋平电费＝×××元

力调电费：力调电费＝总电度电费×增减率＝×××元

合计电费：合计电费＝总电度电费＋力调电费＝×××元。

### （八）高供高计客户电量电费核算

模拟案例：某电子机械制造厂，10kV 高供高计，受电变压器容量 800kVA，主表 TA：50/5A，办公照明为定比 1%，月末抄表。该户申请于 2023 年 3 月 15 日销户，如收基本电费请按容量计收，请现场抄表，并计算该户电费。（该本月预付电费×元，不考虑代收）已经有功尖、有功峰、有功平、有功谷、有功总、正向无功、反向无功本月示数和上月示数。

要求戴安全帽、线手套、穿工作服、绝缘鞋，操作前进行三步式验电。主要步骤为：

（1）核对现场信息。

（2）现场抄表：核对用户信息、检查计量装置外观及封印，现场抄表。

（3）计算电费：

1）倍率计算。

2）抄见电量计算。

有功尖抄见电量＝（本月示数－上月示数）×倍率＝×××（kWh）

有功峰抄见电＝（本月示数－上月示数）×倍率＝×××（kWh）

有功谷抄见电量＝（本月示数－上月示数）×倍率＝×××（kWh）

有功总抄见＝（本月示数−上月示数）×倍率＝×××（kWh）

有功平抄见电量＝总−尖−峰−谷＝×××（kWh）

无功正向抄见电量＝（本月示数−上月示数）×倍率＝×××（kvarh）

无功反向抄见电量＝（本月示数−上月示数）×倍率＝×××（kvarh）

3）计费电量计算。

总计费电量＝×××（kWh）

照明分表计费电量＝总计费电量×1%＝×××（kWh）

动力计费电量＝总−照明＝×××（kWh）

峰计费电量＝动力×（峰+尖）÷（尖+峰+平+谷）＝×××（kWh）

谷计费电量＝动力×谷÷（尖+峰+平+谷）＝×××（kWh）

平计费电量＝动力−峰−谷＝×××（kWh）

4）功率因数计算。

有功电量＝总×××（kWh）

无功电量＝正+反＝×××（kvarh）

查表得增减率。

5）电费计算。

基本电费 800×22×14/30＝×××（元）

电度电费照明电度电费＝照明×0.7072＝×××（元）

峰电度电费＝比例后的峰×电价＝×××（元）

平电度电费＝比例后的平×电价＝×××（元）

谷电度电费＝比例后的峰×电价＝×××（元）

总电度电费＝峰+平+谷＝×××（元）

功率因数调整电费

力调电费＝（基本电费+照明电量×电价+峰电量×电价+平电量×

电价+谷电量×电价）×增减率＝×××（元）

6）总电费＝总+基本+照明+力调＝×××（元）

## 三、供电所电能计量装置管理

供电所电能计量装置管理是确保电能计量准确、公正和可靠的重要环节。电能计量装置包括电表及其配套设备，其管理涵盖了计量装置的安装、维护、校验和用电信息采集维护等内容。

### （一）带电调换低压经电流互感器接入电能表

模拟案例：利用相位伏安表判断三相四线计量装置的接线错误，使用螺丝刀等工具，通过调整接线盒状态，完成计量装置的接线更正。要求作业人员正确佩戴安全帽、线手套，着长袖工作服及绝缘鞋。实施作业前完成"三步式"验电。主要的操作过程有以下几个步骤：

（1）接线检查。首先使用相位伏安表测量计量装置的电压、电流、相序和电流相位，并判定基准相（U相）。其次记录所有测量及判定结果。再次应用相量分析法，通过绘制相量图，判断实际接线的组别。注意正确使用仪器仪表及物理量书写规范。

（2）接线更正。首先将接线试验盒调整至换表状态，注意先断电流，后断电压。拆开原计量接线，按照上一步判断结果进行接线调整，使调整后的计量装置能实现正确计量，注意使电能表保持垂直状态。然后将实验接线盒状态恢复至计量状态，注意先调整电压，后调整电流。

（3）清理现场。实施文明作业，完成各工作任务后对现场的工具、仪表及其他物品进行情况，恢复现场原状。

### （二）现场测试单相电能表运行状况

模拟案例：根据现场提供的测量设备（现场校验仪）测量电能表相关数据，并根据测量的数据计算电能表的误差，判断误差是否符合要求。要求作业人员正确佩戴安全帽、线手套，着长袖工作服及绝缘鞋。实施作业前完成"三步式"验电。主要的操作过程有以下几个步骤：

（1）现场核对信息。内容包括核对现场表计信息、检查现场计量装置情况。

（2）抄读表参数。抄录电能表铭牌参数，注意书写规范。

（3）实施现场校验。首先检查现场校验仪的外观及合格证。其次将校验仪与被检定电能表进行连接，电压从试验接线盒取得，注意先接电流、再接电压。再次，启动现场校验仪，进行参数设置。最后根据校验仪检验结果判定计量装置准确度。

（4）结果处理。根据结果正确下发检定标识。

（5）清理现场。实施文明作业，完成各工作任务后对现场的工具、仪表及其他物品进行情况，恢复现场原状。注意拆除校验仪联线时，先拆除电压线，后拆除电流线。

### （三）客户电能表及互感器的配置

模拟案例：为一申请安装一台100kVA变压器的用户配置电能表及互感器。

确定计量方案：采用高供低计的计量方式。

计算变压器低压侧额定电流值：按照公式，代入数字、计算电流。

$I = S/\sqrt{3}\,U = 144.3\text{A}$。

　　根据计算结果选择电流互感器：根据电流互感器规格，二次侧为 5A，应选用 500V、150/5、0.5S 电流互感器三只。

　　根据选配的互感器选择电能表：选择三相四线智能表，220/380V、1.5（6）A、0.5S。

## ● 第四节　本　章　小　结 ●

　　本章以农网配电营业工（综合柜员）技能等级划分为基准，先后讲解了技能等级的基本情况，涉及的岗位专业知识以及必备的操作技能。在能级提升相关知识一节中，分别各就各类常见业务的供电服务标准、获得电力各项工作要求、电价电费政策的发展历程及现行政策和电能计量基础知识信息了细致的论述。能级提升相关技能一节中，从供电所营销业务管理、电费核算及收费管理和电能计量装置管理三大主要日常工作内容中，选取了业务受理、现场抄表、电费核算、计量装置安装更换等多种业务项，以业务场景的模式，结合技能等级提升和日常工作开展要求，对于操作的流程及要点进行了提炼。本章旨在提高综合柜员岗位日常业务能力的同时，帮助其获得技能等级的提升。

# 第三章 营销数字化平台应用

营销数字化平台是响应国网公司数字化供电所建设要求，落实公司关于加强乡镇供电所管理提升工作要求，利用数字化手段为供电所一线员工减负提效，全面推动供电所数字化转型升级而建设的。

## ● 第一节　营销数字化平台简介 ●

营销数字化平台建设的目标是，统筹乡镇供电所管理提升工作安排，贯彻公司"三融三化"工作要求，落实数字赋能基层减负工作部署，坚持问题导向、需求导向，立足全网赋能、跨融结合、作业变革，以夯实数字化基础、提升数字化支撑能力为两条主线，加强账号、平台、工单、终端、工具等基础建设，以管理、内勤、外勤为服务对象，聚焦供电所指标管理难、重复工作多、冗余操作多、线下流转多等问题，开展供电所高频业务场景的数字化建设应用，激活供电所数字引擎动力，实现供电所业务自动化、作业移动化、服务互动化、资产可视化、管理智能化和装备数字化"六化"目标，全面支撑供电所作业能力和管理水平提升。

数字化供电所以双中台架构为驱动，融合贯通供电所常用系统，夯实"一账号、一平台、一工单、一终端、一工具"五个基础底座，以服务供电所管理、内勤、外勤三类人员为方向，开展三类十九个（六个管理看板、七个内勤助手、六个一键作业）高频场景应用建设，最终实现"六化"目标，建成服务公司新型电力系统建设的全能型战略单元，助力乡村振兴战略落地。总体架构如图 3-1 所示。

一账号：每位员工都有可登录各个专业系统处理各项工作所需的唯一账号。供电所全部在编人员、劳务派遣人员与外协人员，在统一权限管理平台（ISC）有唯一系统登录账号，实现一账号登录常用业务系统，解决"一人多账号、多人一账号"问题。

一平台：员工可通过登录一个全业务平台跳转至其工作所需的各个专业系统并开展相关工作，无需二次登录。建设省级统一的数字化供电所全业务平台（一平台），集成营销、设备、安监、物资、人资、党建等各专业供电所常用系统，实现多系统单点登录、跨系统数据共享，为管理看板与各项业务助手建设提供平台基础。

数字化供电所全平台典型技术架构如图 3-2 所示。

**图 3-1 营销数字化平台总体架构**

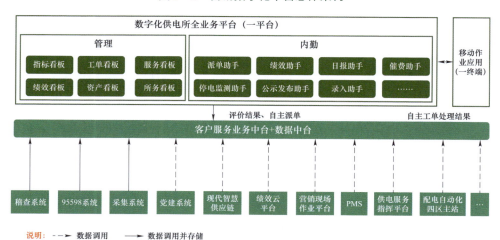

说明：- - →  数据调用  ——→  数据调用并存储

**图 3-2 数字化供电所业务平台典型技术架构**

一工单：一个汇集了各业务系统常用工单的工单池，通过工单池，实现各系统工单统一预警、一屏通览，支持直接跳转至原有系统处理工单，支撑绩效线上评价。完成各专业系统工单整合归并，打造供电所统一的业务工单池，统一展示、预警各专业工单状态，以工单驱动业务，实现供电所全业务工单统一闭环管控、绩效线上评价，推动业务工单化、工单数字化、数字绩效化。

一终端：外勤人员现场作业只需携带一个融合各专业现场作业应用的手持装备，最终目标是只保留个人手机作为移动作业终端进行现场作业。在 i 国网或网上国网汇聚供电所全部内外网移动应用，建立手机端个人工作台，实现移动作业应用一个入口，增加完善"点、选、扫、拍、签"等功能，推动外勤人员现场作业业务线上化，实现"一机通办、一次办结"。

一工具：一套可减少重复操作的流程机器人工具，赋能基层员工减负提效。聚焦供电所核心业务，打造面向供电所的 RPA（机器人流程自动化）机器人工具，实现一个供电所至少有一个 RPA 工具，至少有一人会用 RPA 工具，至少有一个在用的 RPA 场景。

## ● 第二节 营销数字化平台功能 ●

营销数字化平台即数字化供电所全平台，是基于乡镇供电所及班组一体化系统等建设成果，依托客户服务业务中台建设"一平台"，集成供电所各专业常用系统，贯通各专业数据，通过"一账号"在"一平台"实现多系统单点登录、跨系统数据共享，解决供电所多系统重复登录及数据"烟囱"问题；构建看板与业务助手，辅助管理、内勤人员开展供电所日常管理与业务处理，提升供电所工作效率和管理水平。

### 一、移动端业务处理

#### （一）登录

1. i 国网登录

打开 i 国网 App，输入使用人的工号和密码登录。

2. 工作台设置

点击"工作台"，并在左上角点击下拉菜单切换到"国网吉林电力工作台"。

3. 营销移动作业

在"我的应用"中，点击"营销移动作业"微应用，进入综合入口界面。

"营销移动作业"微应用中"我的应用"内容里面包含了工单受理、关联工单、客户画像、欠费查询和业扩业务受理等 20 个常用移动作业业务功能如图 3-3～图 3-6 所示。

图 3-3　i国网登录入口图

图 3-4　国网登录页面

图 3-5　工作台设置位置

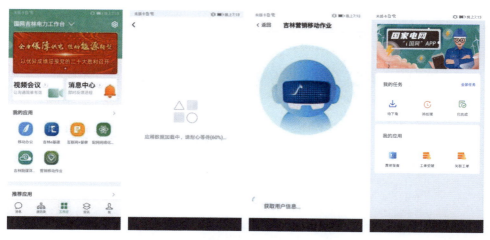

图 3-6 营销移动作业启动过程

## （二）工单受理

使用工单受理功能可以在手机端新建工单并派工，供电所三大员对其进行审批，进入正常的工单流转流程，即台区经理签收、发起关联工单，三大员做工作评价，系统自动归档。

### 1. 新建工单

工单信息的计划开始时间、计划完成时间、预警时间、重要等级以及台区或线路信息都是可以根据用户的选择自动带出相应信息的，方便用户操作；工作内容和注意事项皆支持多选或手工输入（图 3-7）。

图 3-7 新建工单页面

可根据员工与工单的距离、员工当前工作量、员工技能等级，供所长综合考量选择最优接单人员（图3-8）。

图3-8　台区或线路信息

根据工单所选择台区编号/线路编号，默认选择台区/线路的所属台区经理；无台区/线路信息，则默认选择工号第一位（图3-9）。

2. 派单助手

可根据员工与工单的距离、员工当前工作量、员工技能等级，供所长综合考量选择最优接单人员。

（1）受理工单时，点击台区或线路信息，根据工单所选择台区编号/线路编号（图3-10）。

（2）派单页面默认选择一名台区经理：

根据工单所选择台区编号/线路编号，默认选择台区/线路的所属台区经理；

无台区/线路信息，则默认选择工号第一位。

图 3-9  无台区信息派单

图 3-10  选择台区编号/线路编号

### 3. 工单提交示例（图 3-11）

**图 3-11　工单提交完成**

### 4. PC 端审批（图 3-12）

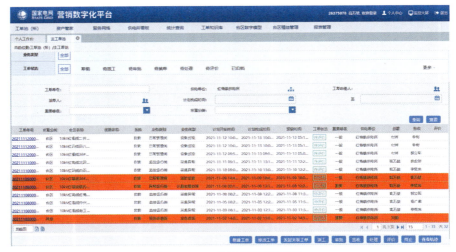

**图 3-12　电脑端审批页面**

## （三）工单处理

### 1. 我的任务

"我的任务"页签是整个工单池的入口,点击"全部任务"进入,这里直观的展示推送到工单池的所有工单;通过"待签收""待处理""已完成"可以快捷查看不同状态下的工单(图3-13、图3-14)。

图 3-13 工单池页面-待签收工单

图 3-14 工单池页面-未完成工单、已完成工单

2. 搜索

在工单池页面上方搜索框内，可以通过输入工单编号搜索定位至某额需处理的工单（图 3-15）。

3. 工单信息

点击"全部任务"后，是工单的处理界面，用户在这里对工单进行操作。该界面分为工单信息、业务类型、关联工单、工单处理 4 个页签。

其中工单信息页展示了所派工单的主要信息内容（图 3-16），如工单编号、业务类别、业务类型、重要等级、计划开始时间、计划结束时间、预警时间、作业地点、工作内容、注意事项，以及台区信息等。

图 3-15 工单搜索结果

图 3-16 工单信息页面

4. 业务类型

业务类型页面展示派工时派工人所填写的工单业务类型详情内容，包括日期、名称、规格型号、数量、相关人员等信息，见图 3-17。

图 3-17 业务类型页面

5. 关联工单

用户可根据主工单的要求，以及实际工作中的需要，进行发起关联工单，比如完成这项工作需要领用安全工器具，则发起一个安全工器具领用单，见图 3-18。

图 3-18 新增关联工单

点击"新建关联工单",选择相应的工单类型和接单人(图3–19),然后点击立即新建,弹出:用户同步成功弹窗,点击确认完成关联工单的创建。

图3–19 选择关联工单类型和接单人员

用户如果创建错误或者不想要这个工单点击删除即可。

此时关联工单接单人已经收到该关联工单了,进入"营销移动作业–关联工单"或者PC端–关联工单池界面即可进行维护。

其中今日工单界面为关联工单接单人为本人工号下的全部关联工单,用户也可以直接通过此处进行发起。

6. 工单处理示例

工单处理界面用于填写处理工单的信息,包括处理结果、处理说明、根据需要拍照上传、填写相对应的处理过程后,即可提交工单,见图3–20。

（四）关联工单

关联工单界面下显示派给登录工号的关联工单,可进行16种关联工单的维护操作。16 种工单分别是：工作票类工单中的配电第一种工作票、配电第二种工作票、低压工作票、变电第一种工作票和变电第二种工作票，现场作业卡、电气修理票和故障紧急抢修单，计 8 种；工器具领用单中的仪器仪表领用单、安全工器具领用单、施工工器具领用单，计 3 种；材料领用单中的表计材料领用单、施工材料领用单、铅封锁领用单和备品备件领用单，计 4 种；还有最后 1 种是派车单。关联工单的操作页面见图 3-21。

图 3-20　工单处理

图 3-21　移动端关联工单操作页面

以安全工器具领用单示例，进行操作讲解。安全工器具领用单页面由工单信息、领用信息和其他信息等主要内容组成，见图 3-22。

（1）领用信息填写。在领用信息内容页可输入领用的人员、日期、数量和归还、出库相关资讯后，保存即可（图3-23）。若还需增加领用信息，可在页面下方点击【新增领用信息】，继续在新出现的内容中完善相关信息。

图3-22　安全工器具领用单页面　　　图3-23　领用信息完善

（2）增加电子签名。点击【电子签名】后出现电子签名输入页面，用手或配套电容笔可在显示屏上直接输入文字，完成后点击【确认】即可（图3-24）。

（3）工作票的安全风险预警。进入编辑工作票界面，显示作业票名称，以及"请注意安全作业风险"提示，见图3-25。

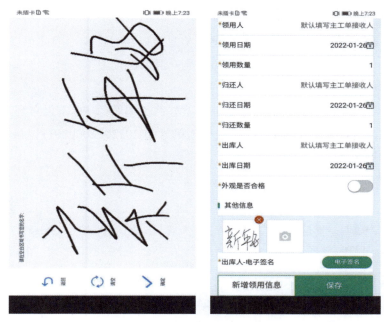

图 3-24  上传电子签名

图 3-25  安全作业风险提示

### （五）手机端工单签收

营销数字化平台的电脑端和移动端信息可以实时同步，因此可以实现 PC 端新建工单，手机端签收。以日常管理类—消防检查工单为例，进行详细的工单签收流程介绍。

首先进入工单管家-主工单池进行派单：（工单管家 PC 端派单环节后续章节有详细讲解，不在此赘述）。待派单工单号为 20220120000013，接单人为：孙哲岩，见图 3-26。

**图 3-26  PC 端工单页面**

此时，工单管家 PC 端已经发起工单，用户可以使用手机端 i 国网进行接单处理。点击全部任务，选中待签收页面（图 3-27），根据工单号或者滑动查找，找出要签收的工单。

点击签收，弹出确认下载此工单，进入下一步，未完成页面，在该页面找到此工单并点击，根据工单信息（图 3-28）完成任务。

按照工单内容，需进行关联工单操作。进入新增关联工单页面后，需选择编辑工单类型和接单人，见图 3-29 完成后点击【立即新建】，出现同步成功提示。确认后，出现建完的关联工单信息，见图 3-30。

图 3-27　工单签收页面

图 3-28　未完成工单任务信息页面

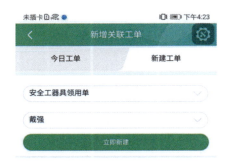

图 3－29　关联工单新建

图 3－30　关联工单信息

关联工单完成后，进入工单处理环节，见图 3－31 需要完成处理结果和处理工程信息，并且处理结果通常需要上传处理的现场照片。全部完成后，才可提交工单。

图 3－31　工单业务处理

确认提交后，弹出工单提交成功，完成整个工单流程。用户在电脑端工单管家评价归档即可。

## 二、PC 端业务处理

### （一）企业门户系统登录

1. 登录网址

营销数字化平台网址：

http://10.165.226.22110080/amber2_server/desk/gasworkbench/workbench。

浏览器：谷歌浏览器 chrome84 版本（图 3-32）。

图 3-32　营销数字化平台登录入口

2. 职责切换

点击右上角工号姓名，切换不同的职责（图 3-33）。

3. 个人资料修改

用户可以在个人中心中个人资料页面修改个人资料信息，包括密码修改、资料修改和上传用头像等（图 3-34）。

图 3-33　营销数字化平台页面

图 3-34　营销数字化平台职责切换功能

（1）默认职责设定。用户可根据系统设定选择用电所监控平台和工单管家报表两项职责中的一个（图 3-35）。

图 3-35　营销数字化平台职责设定

（2）上传用户头像。用户可以使用选择上传功能，上传不超过 400kb 的图片作为个人头像（图 3-36）。

图 3-36 营销数字化平台上传头像操作

用户上传头像主要用途是方便对于供电所的工作开展进行数字化管理，例如在台区经理服务网功能下，可以对于工作开展的实时监管，见图 3-37。

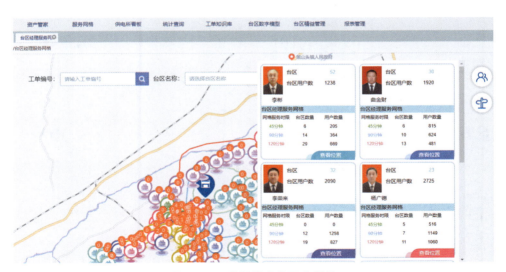

图 3-37 营销数字化平台用处

## （二）个人工作台

个人工作台分为管理员职责和非管理员职责，不同权限的账号个人工作台界面不一样。

管理员权限：账号所属非供电所，或者账号岗位是所长、支部书记、副所长拥有此权限，相关工作页面见图 3-38。

图 3-38 管理员权限页面

非管理员权限：账号所属是供电所，并且账号岗位不是所长、支部书记、副所长拥有此权限，相关工作页面见图 3-39。

图 3-39 非管理员权限页面

1. 今日工单概况

此功能位于管理员权限页面的左上方，可以查看今日工单的处理情况，见图 3-40。

图 3-40 今日工单概况局部图

2. 我的待办

【我的页面】位于主页面区，可查看待处理环节的工单，并可通过点击高级查询对工单进行筛选（图 3-41）。

| 工单编号 | 系统来源 | 工单类型 | 工单状态 | 负责人/申请人 | 工单到达时间 | 操作 |
|---|---|---|---|---|---|---|
| 20230302006235 | 自营 | 日常管理类 | 🟠 待派工 | 王玉珺 | 2023-03-02 15:16:41 | 处理 |
| 20230206006218 | 自营 | 日常管理类 | 🟠 待派工 | 王玉珺 | 2023-02-06 17:15:14 | 处理 |

图 3-41 待处理工单图

点击具体工单的【处理】按钮可以跳转到对应的工单处理界面（图 3-42）。

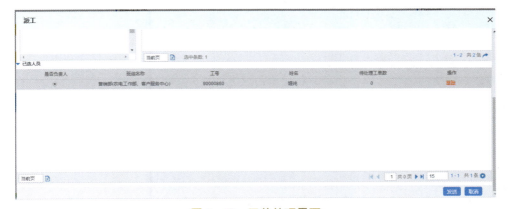

图 3-42 工单处理界面

3. 日程安排

点击添加日程或者点击对应日期可进行日程安排的手动添加，见图 3－43。

图 3－43　日程安排界面

在出现的内容页面填写日程安排对应信息，点击保存完成日程添加（见图 3－44）。

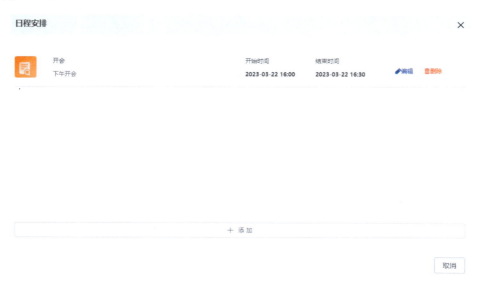

图 3－44　日程添加页面

日程添加完成后，日程安排页面相应日期出现红色标记，点击该日期可以查看添加的日程安排。

除了手动添加日程，系统还会根据账号下的工单状态，每天自动生成待处理工单数量。

管理员账号包含待派工工单、待评价工单、待审批工单数量等内容，见图 3－45。

**图 3－45　管理员账号的自动工日程添加**

非管理员账号页面包含待处理工单、预警工单、超期工单数量，见图 3－46。

**图 3－46　非管理员账号的自动工日程添加**

4. 常用系统

配置常用的系统,常用系统添加完成后可以一键登录。点击右上角的设置,添加常用的系统,见图3-47。

图 3-47　常用系统设置

选择想要添加的系统,选好后点确定即可完成添加,见图3-48。

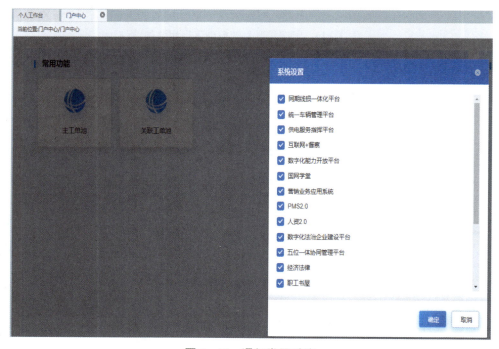

图 3-48　添加常用系统

常用系统页面配置完成后，在页面上点击要登录系统的图标可以直接跳转到对应系统界面。

5. 常用功能

常用功能配置与常用系统配置方法类似。常用功能添加完成后可以一键登录。在常用功能也点击右上角的【设置】，点击后可进入功能设置页面（图3-49），选择想要添加的功能，选好后点确定即可完成添加（图3-50）。

图 3-49　添加常用功能

在常用功能页面（图3-50）点击要登录功能项的图标可以直接跳转到对应功能界面。

6. 我的关注

在我的关注页面可配置工单关注。操作过程为，先点击添加关注，跳转到

113

添加关注界面，点击添加关注（图 3－51），将工单添加至我的关注界面。同时这个界面可以对工单进行督办，点击督办按钮完成工单督办。

图 3－50　添加常用功能后的常用功能页面

图 3－51　添加工单关注

添加完成后可以查看工单情况，点击工单详情可以查看工单具体信息（图 3－52）。

图 3−52　工单具体信息

7. 公告栏

在公告栏点击公告可查看公告详细信息。点击【更多】可以跳转到公告查询界面（图 3−53）。

图 3−53　公告查询界面

8. 今日要情

非管理职责账号工作页面可以看到即日要情功能（图 3−54），在此可以查看采集掉线、线损异常情况。

图 3-54　今日要情功能

在今日要情况功能点击【异常类型】，可以对展示的数据进行采集掉线和线损异常的显示切换（图 3-55）。

图 3-55　显示异常类型切换

继续点击【更多】可以跳转到异常事件查询界面（图 3-56），查看详细信息。

图 3-56　异常事件详细信息查询界面

## （三）门户中心

在门户中心同样可以完成对于常用功能和常用系统的配置添加，操作方法与在个人工作台中的操作一样。

### （四）工单池操作讲解

#### 1. 主工单池

选择"供电所监控平台"职责，点击"工单池（所）"，进入"主工单池"初始页面（图 3 – 57）。

图 3 – 57　主工单池初始界面

初始页面的第一行为筛选区域，可以通过选择系统、业务类别、业务类型和工单状态等参数筛选工单，每一参数的具体内容见图 3 – 58。初始页面的第二行为查询条件区域，可以通过单号、工单单位、工单申请人等信息查询到具体工单。被筛选或查询后的工单，会显示在功能池中。对工单处理的各类权限按钮位于工单池页面的右下方。

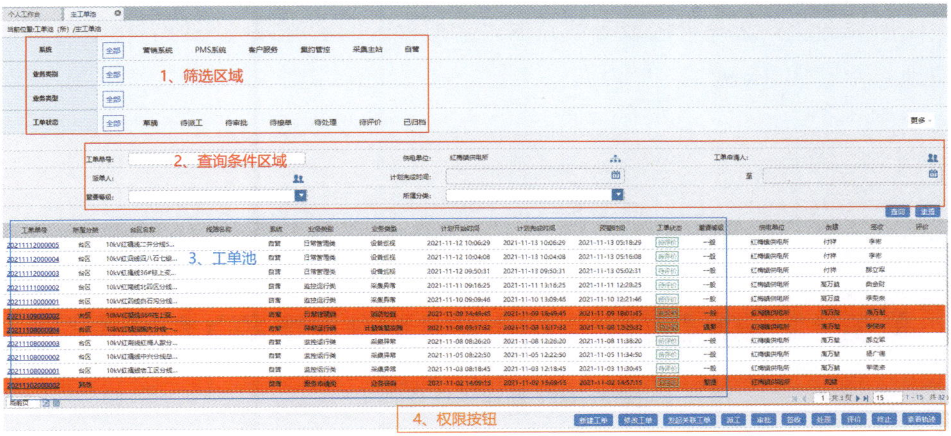

图 3 – 58　工单池各区域内容

117

工单池展示登录人单位下未归档工单信息，点击工单单号即可查看相应工单详情（图 3-59）。

**图 3-59　工单详细信息**

（1）新建工单。在主工单池界面的权限按钮区域，点击【新建工单】，弹出图 3-60，在此界面进行工单内容填写。

有红色星号标记的是必填内容。其中，是否向下派单默认"否"，上级单位向下级派单时选择"是"并选择接单单位（图 3-61）。

所属分类：选择台区或者线路时，会把台区的名称或线路的名称赋值到作业地点上（图 3-62）。

**图 3-60　新建工单页面（一）**

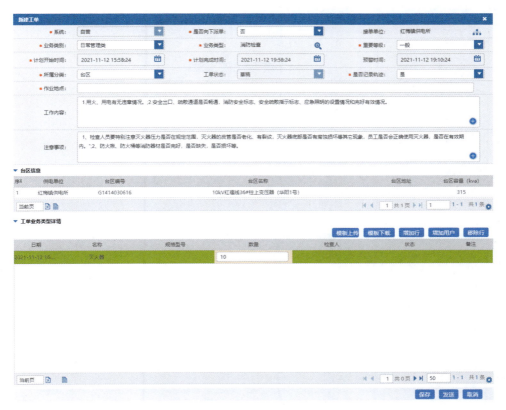

**图 3-60　新建工单页面（二）**

**图 3-61　是否向下派单**

是否记录轨迹：移动端记录轨迹的选项，依照台区经理的移动端接单后的移动位置生产的（图3-63）。

派单时的"工作内容"和"注意事项"，这两项点击 ➕ 实现了项目多选，派单人可以自由选择。

工作内容：可做系统预设，可多项选择（图3-64）。

图 3-62 台区或线路的名称赋值

图 3-63 移动端轨迹记录

图 3-64 工作内容选择

注意事项：支持系统预设，可多项选择，用户新填入的系统自动记忆（图 3-65）。

图 3-65　注意事项选择

新建工单的台区信息（图 3-66）/线路信息中（图 3-67），可展示上面"所属分类"的详细信息。

图 3-66　台区信息

图 3-67　线路信息

工单业务类型详情功能（图 3-68）支持工单发起人填写一部分信息，工单处理人填写一部分信息，双向填写，信息共享。

图 3-68　工单业务类型详情

部分详情信息填写支持下拉选择，见图 3-69。

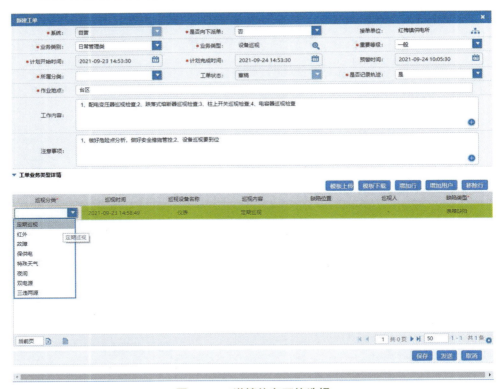

图 3-69　详情信息下拉选择

部分涉及人员的详情信息，如巡视人等信息填写时，支持人员树选择，见图 3-70。

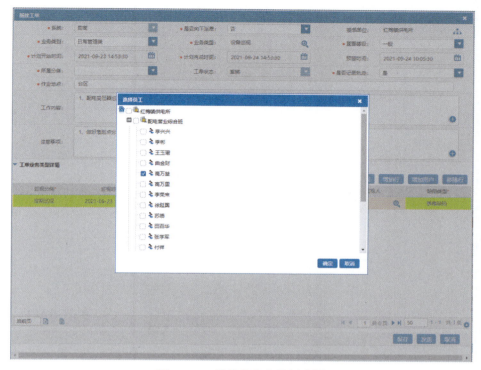

**图 3-70　详情信息人员树选择**

涉及计算信息时，支持计算公式的赋值，例如三相不平衡度的计算。

【保存】保存该工单，状态是"草稿"，未派单。

【发送】该工单发送给工单处理人，多人时注意负责人的选择。

（2）派工。新建工单时，如果选择分类为"台区"，派单页面自动选择对应台区经理作为工单负责人，根据业务类型是否为安全作业，派遣一人或多人作业，并指定工单负责人（图 3-71），点击【发送】，完成派单。智能派单模式下系统自动勾选责任人。

工单跳转到派单环节，其中派单人所填写的工单内容，将会被直接带到接单人的接单信息中，方便接单人进行填写，增加便捷性。

派单助手可根据员工与工单的距离、员工当前工作量、员工技能等级，供所长综合考量选择最优接单人员。

1）派工列表新增两列数据：技能等级、距离（员工与工单作业地点距离）。需要在所属分类选择台区、线路或其他，见图 3-72。

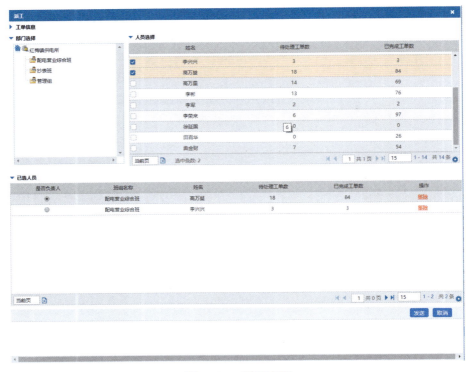

图 3-71　派工页面

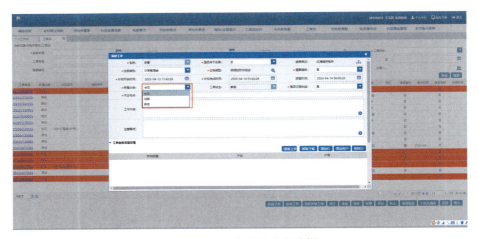

图 3-72　工单所属分类选择

2）派单页面默认选择一名台区经理：根据工单所选择台区编号/线路编号，默认选择台区/线路的所属台区经理，见图3-73。无台区/线路信息时，则默认选择工号第一位。

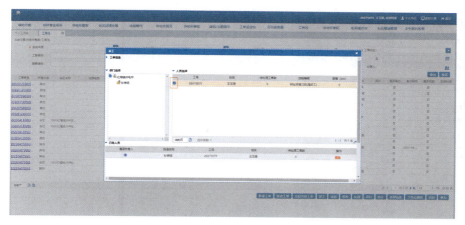

图3-73　派单人员选择

（3）签收。被派单人员可以选择签收或者转派操作。签收则确认处理这个工单；转派即转派给其他人员处理，见图3-74。

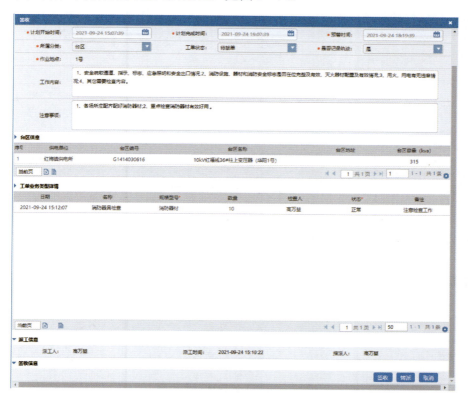

图3-74　工单签收

（4）处理。若选择【签收】，则可进入工单处理页面，见图 3 – 75。

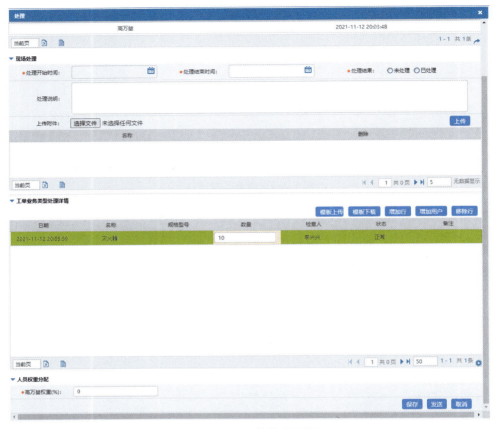

图 3 – 75　工单处理页面

点击工单处理页面各功能模块标题左侧的三角符号，可以实现整个工单信息的折叠（图 3 – 76）与展示。

图 3 – 76　工单处理页面折叠

在工单处理页面，根据实际处理情况，完成现场处理、处理详情、人员权重分配模块后，即可对工单进行保存、发送，见图3-77。

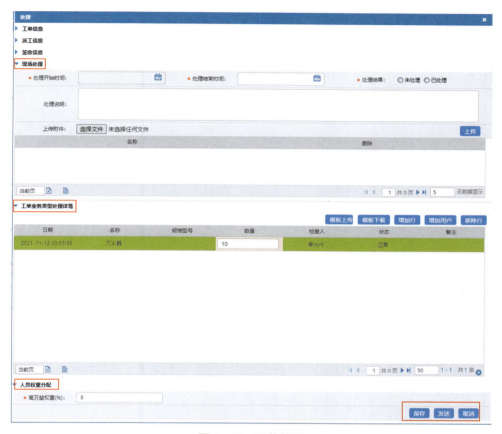

图 3-77　工单处理

（5）评价。在工单池页面，选择状态为"待评价"的工单，点击处理，工单信息和派工信息点击左侧的"▶"符号，可展开详细信息，默认缩放，见图3-78。

在工单评价处，可修改人员权重分配（影响处理人得分）。

可对工单进行评分（优秀100%、合格80%、一般60%、未完成0%），工单效率（工单处理完成时间在派单的计划完成时间前，为及时，对应效率评分100%，超过计划完成时间但小于两小时，为超时，对应效率评分80%，超过计划完成时间两小时以上，为严重超时，对应效率评分60%）由系统自动评价，简要填写评价说明。点击发送，工单归档。

127

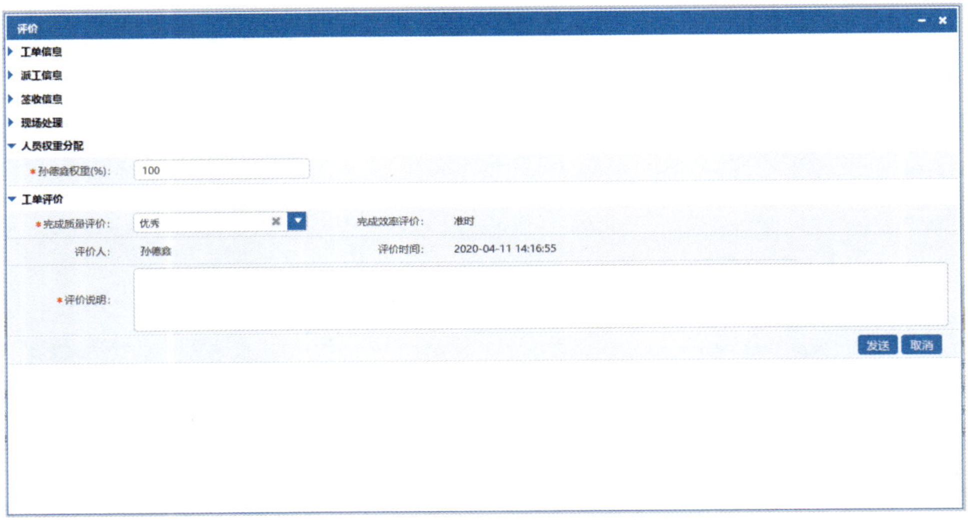

图 3-78  工单评价

（6）评分规则。

派单人得分＝（工单标准分＋难度调整分）×工单质量×完成效率×工单派单环节占比；

评价人得分＝（工单标准分＋难度调整分）×工单质量×完成效率×工单评价环节占比；

处理人得分＝（工单标准分＋难度调整分）×工单质量×完成效率×工单处理环节占比×处理人权重。

难度调整分：

台区类：45 分钟服务圈范围内台区 2 分；90 分钟服务圈范围内台区 4 分；120 分钟服务圈范围内台区 6 分；其他 8 分；

线路类：A 类线路 2 分；B 类线路 4 分；C 类线路 6 分；D 类线路 8 分。

（7）工单召回。工单池页面增加召回按钮。点击召回按钮只能将所有自营的待处理状态的工单进行召回，变为待派工状态，见图 3-79。召回按钮需要通过权限控制，只有评价、审批权限才能看到，召回按钮。

只有待处理状态的工单才能召回，召回其他状态的工单时，给予提示"只能召回待处理状态的工单！"

只有所有自营的工单才能召回，召回其他类型的工单，给予提示"该类工单不支持召回！"

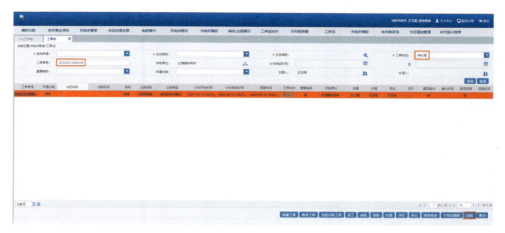

图 3-79 工单召回

选择所要召回的待处理工单，点击召回，进入召回确认界面，点击确认按钮，见图 3-80。

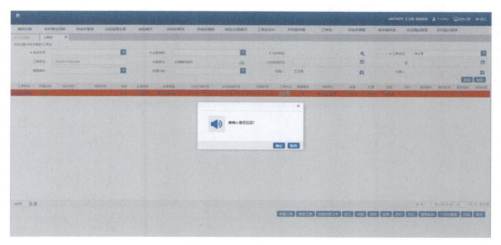

图 3-80 工单召回确认

召回操作完成后工单会成功变为待派工状态，可进行重新派工处理。

（8）工单合并派单。

1）合并派工弹框。点击派工按钮时，如果工单池有与当前待派工工单相同台区的工单（待派工状态），则弹出合并派工弹框（图 3-81），点击"是"，进入工单派工页面，并且工单编号横向排列。

129

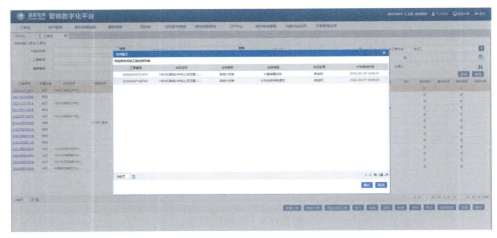

图 3–81　合并派工弹框

2）工单派工改造。进入工单派工页面后，合并派工的工单编号以 TAB 页的形式展示（图 3–82），并且可以点击工单编号右侧的【X】，剔除某个工单的派工。

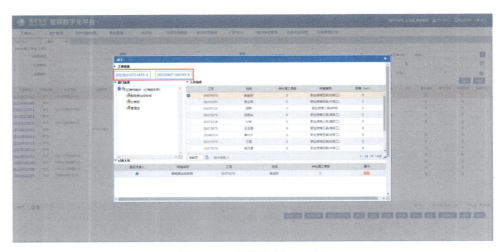

图 3–82　工单编号 TAB 页

3）合并派工处理。点击发送按钮后，将合并派工的工单，批量派工，见图 3–83。

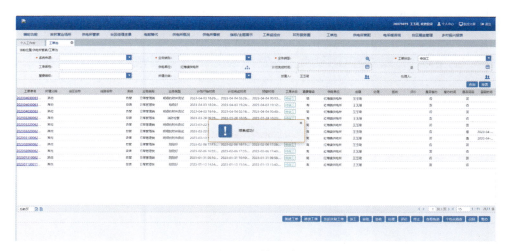

图 3-83　批量派工

（9）工单督办。

1）权限项。工单池下方的【督办】按钮，只开放给评价、审批权限，无权限人员登录进来不展示。

2）督办消息。点击【督办】，进入确认督办页面（图 3-84），确认后则显示督办成功，生成督办记录信息与督办时间。

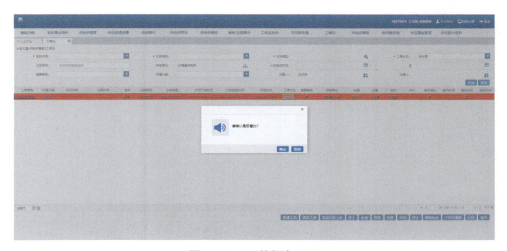

图 3-84　工单督办页面

131

3）督办校验提示。工单只能督办一次，否则给予提示"该工单已督办，请不要重复督办!"，见图3-85。

**图 3-85　督办校验提示**

（10）自定义规则自动派单。除人工选择派单对象外，营销数字化平台支持自动派单功能，并且支持自定义派单规则。登录系统后，进入任务计划管理TAB页，见图3-86。

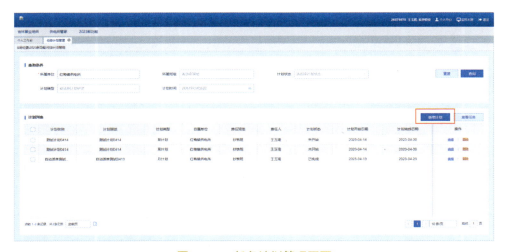

**图 3-86　任务计划管理页面**

点击新增计划，添加计划名称、计划类型、计划时间、计划描述、责任班组（员工工号、员工姓名、岗位）等信息，见图3-87。

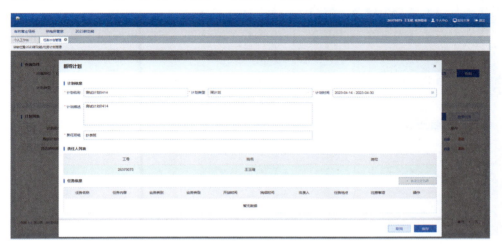

**图3-87 新增工作任务计划**

完成计划信息后，需点击【新增任务信息】进行添加任务操作。添加任务时需校验计划信息不能为空。仅添加任务项名称、任务类型、负责人、工作地点、开始完成日期、任务内容。完成后点击【保存】，保存新增的计划任务，结果见图3-88。

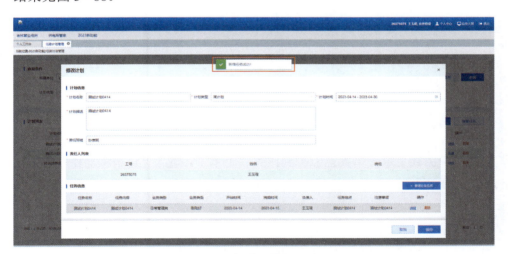

**图3-88 新增工作任务计划**

2. 发起关联工单

营销数字化平台的电脑端访问同样支持关联工单操作。用户可根据主工单的要求，以及实际工作中的需要，进行发起关联工单，比如完成这项工作需要派车单、工器具领用单、材料领用单、工作票等，则发起相应工单。在工单池页下方点击【发起关联工单】，进入关联工单页面。选择相应的工单类型和接单人，然后点击【添加】，点击确认完成关联工单的创建，用户如果创建错误或者不想要这个工单点击删除即可（如图3-89所示）。

图 3-89　发起关联工单

此时关联工单接单人已经收到该关联工单了，进入"营销移动作业-关联工单"或者 PC 端-关联工单池界面即可进行维护（如图3-90所示）。

3. 关联工单维护

今日工单界面的关联工单池为关联工单接单人工号下的全部关联工单，用户可以在此处进行工单的查询和维护（如图3-91所示）。

用户可根据主工单的任务要求，以及实际工作中的需要，选中未维护的工单，进入编辑页面后，完善关联工单的各项信息。以派车单为例，需要维护的信息如图3-92所示。

图 3-90 关联工单接受

图 3-91 关联工单池

图 3-92 维护关联工单

### 4. 个性化稽查工单

通过工单池页面最右下角【个性化稽查】按钮，可批量发起个性化稽查工单，并派发给对应的台区经理。

进入工单池，点击【个性化稽查】，弹出工单创建弹框，见图3-93。

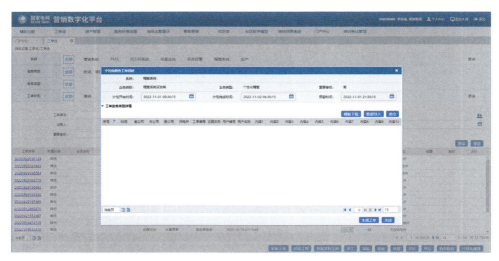

**图3-93　个性化稽查工单创建**

点击【模板下载】，可下载工单业务类型信息模板（图3-94）。模板中用户编号是必填项，系统按照用户编号去找台区经理。

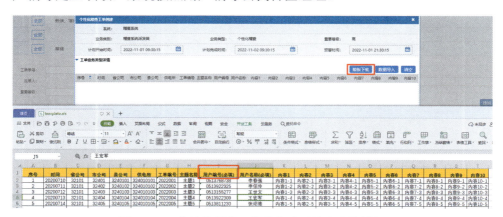

**图3-94　个性化稽查工单业务类型信息上传模板**

按照此模板编辑个性化稽查内容。完成后，点击【数据导入】，选择 Excel 表（模板），见图3-95。

图 3-95　模板倒入操作

点击【生成工单】，则这些工单就发送给对应的台区经理了，后者可以进行工单签收，处理等操作。

5. 工单池界面改造（图 3-96）

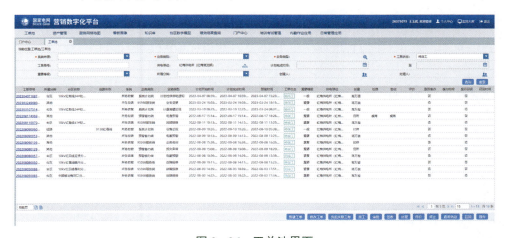

图 3-96　工单池界面

（1）原有的系统来源、业务类别、业务类型、工单状态展示形式，改为下拉框样式，其中业务类型展示形式为复用平台的业务类型弹框。

（2）查询条件增加创建人、处理人选项。

（3）列表增加督办、召回按钮，只有评价、审批权限内置角色才能看到。

**（五）客户关怀与增值服务**

1. 客户诉求维护

（1）登录营销数字化平台，进入客户诉求维护页面，下方客户诉求记录默认展示供电单位下的相关诉求，见图3-97；

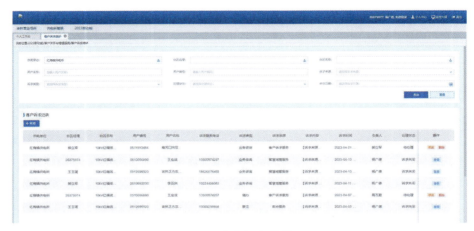

**图3-97　客户诉求维护页面**

（2）点击新增，弹出弹窗，即可新增客户诉求，见图3-98；弹窗诉求受理信息中，红色*项为必填项；可上传大小不超过10M的附件；

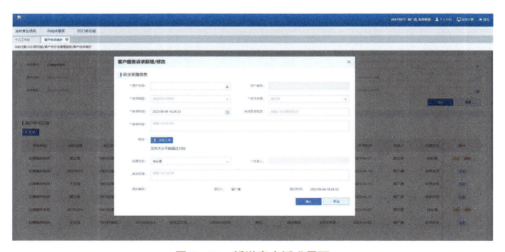

**图3-98　新增客户诉求界面**

（3）点击第一个用户名称，弹出弹窗（图3-99），选择对应用户保存，用户编号等信息自动带出；

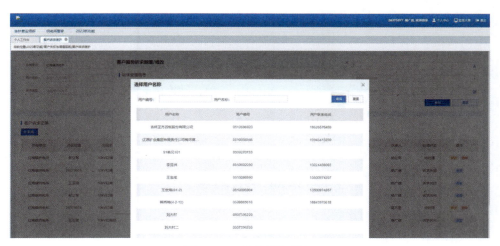

**图3-99　信息编辑弹窗**

（4）然后根据实际填写其他选项，点击确认保存（图3-100）；如果处理状态选择诉求关闭，那么此新增诉求将无法修改或删除；

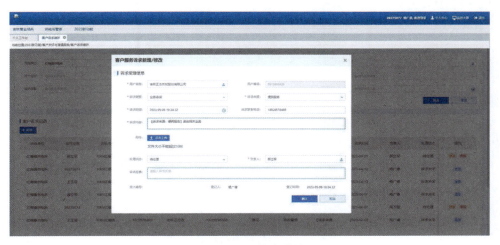

**图3-100　信息确认**

（5）在客户诉求维护页面，根据上方各种查询条件筛选出新增的客户诉求，诉求状态为待处理，可对该条信息进行修改或删除（图3-101）。

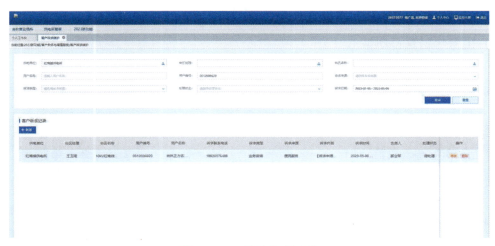

图 3-101　删除客户诉求

2. 客户走访信息维护

（1）登录营销数字化平台，进入客户走访信息维护页面（图 3-102），下方客户走访记录默认展示供电单位下的相关走访记录；

此处展示的走访记录与 i 国网端-营销移动作业-客户关怀中的走访记录相同，两端保存的数据会实时同步；

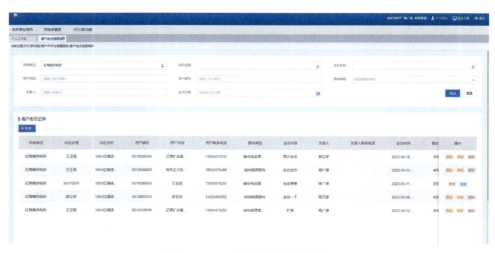

图 3-102　客户走访信息维护

（2）点击新增，弹出弹窗，即可新增客户服务走访；走访详情（图 3-103）信息中，红色*项为必填项；可上传大小不超过 10M 的附件；

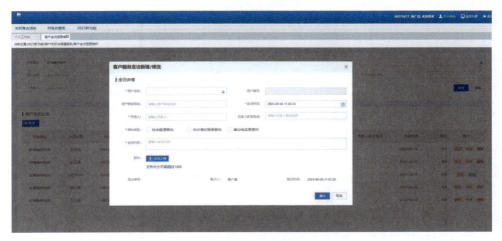

图 3-103　维护走访详情

（3）点击第一个用户名称，弹出弹窗（图3-104），选择对应用户保存，用户编号等信息自动带出；

图 3-104　选择用户

（4）然后根据实际填写其他选项，点击确认保存，见图3-105；

（5）在客户走访信息维护页面,根据上方各种查询条件筛选出新增的客户走访记录（图3-106），走访跟进状态为未跟进，可对该条走访进行跟进、修改或删除（图3-107）。已跟进的走访信息无法进行修改、删除，已关闭的走访信息仅供查看（图3-108）。

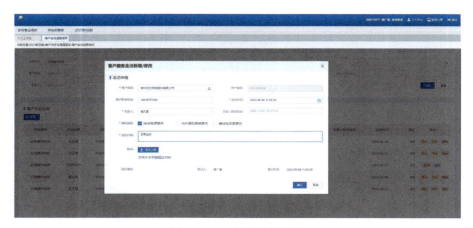

图 3 - 105　保存走访详情

图 3 - 106　走访记录筛选

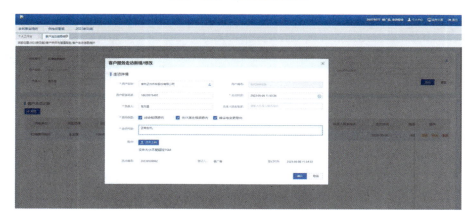

图 3 - 107　走访记录修改

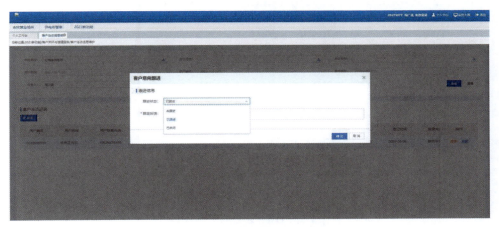

图 3-108　走访记录跟踪

3. 客户管家

（1）在营销数字化平台，客户管家页面中（图 3-109），可查看关怀项的待处理、已处理数据；关怀项分类及名称可根据供电所情况另行增加；

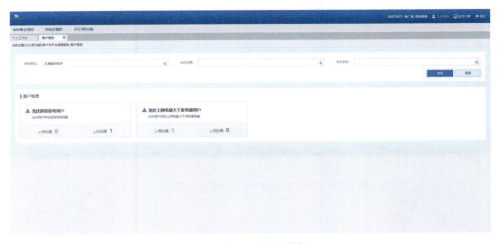

图 3-109　客户管家

（2）点击"光伏上网电量大于发电量用户"待处理显示数字处，弹出弹窗关怀服务列表（图 3-110），左侧可根据用户姓名进行检索，右侧展示客户关怀具体信息，选择关怀方式，填写备注，点击确认保存（图 3-111）；

（3）待关怀用户处理完成后，可点击已处理数字，弹窗已处理用户列表进行查看（图 3-112）。

图 3-110 关怀服务列表

图 3-111 保存完成

图 3-112 已处理用户列表

4. 光伏用户辅助服务

进入光伏用户辅助服务页面，可根据供电单位进行搜索光伏发电用户（限制只能选登录用户账号所属单位或下级供电所），鼠标移到地图打点处，出现光伏用户悬浮浮窗，展示此光伏用户信息（图3－113）。

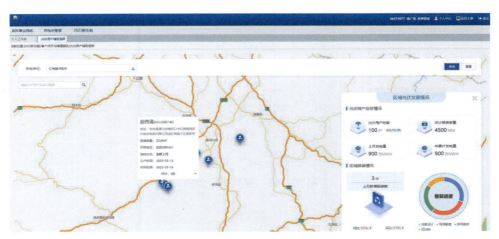

图3－113 光伏用户信息

右侧【区域光伏发展情况】默认展开，可点击关闭缩至右边边框处【区域光伏发展情况】按钮（图3－114）。

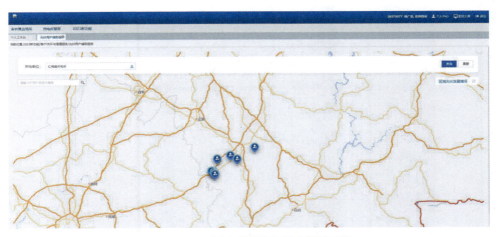

图3－114 关闭"区域光伏发展情况"

5. 重要敏感用户服务

进入重要敏感用户服务页面，可根据供电单位进行搜索重要用户（限制只能选登录用户账号所属单位或下级供电所），鼠标移到地图打点处，出现重要用户悬浮浮窗，展示重要用户相关信息，见图3-115。

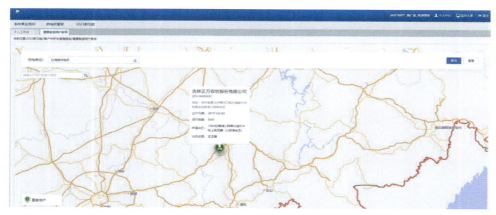

图 3-115  重要用户信息

## 三、常见问题处理

### （一）浏览器版本问题

如出现图3-116界面显示的话，是浏览器版本过低导致，建议安装谷歌浏览器 chrome 84 版本。

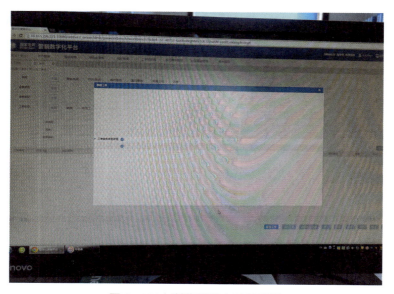

图 3-116  浏览器版本过低页面

### （二）查看谷歌浏览器版本

查看谷歌浏览器版本可在位于浏览器右上的"自动义与控制 Google chrome"（图标为三个竖点）功能下实现，点击后通过【帮助】–【关于 Google chrome】进入版本信息页面，如图 3－117、图 3－118 所示。

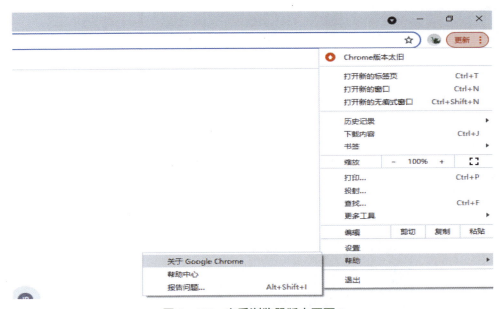

**图 3－117　查看浏览器版本页面 1**

**图 3－118　查看浏览器版本页面 2**

### （三）界面显示不正常

如果出现登录后，界面显示不正常，可以尝试下清除浏览器的缓存。如图3-119、图3-120操作：【自动义与控制Google chrome】-【设置】-【隐私设置和安全性】-【清除浏览器数据】。

**图3-119 进入清除浏览器数据功能**

在清除浏览器数据界面选择要清除的数据内容，点击【清除数据】，完成操作，见图3-120。

**图3-120 清除浏览器数据操作**

### （四）列显示不全

如果出现工单业务类型详情的列显示不全或者点击增加行无效的问题，可以重置下列显示。很多页面有重置的按钮，比如：工单业务类型详情，见图3-121。重置后，需按【F5】刷新或者关闭浏览器重新登录。

图3-121　重置功能

出现重置弹框后，需要进行重置对象选择和重置确认，见图3-122，确认完成后，页面会提示重置成功以及刷新提醒。

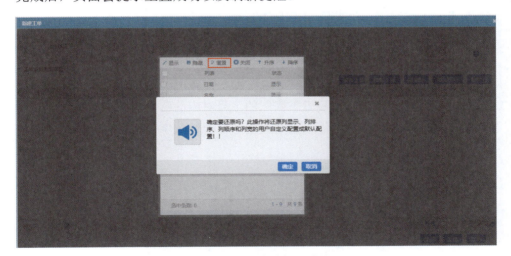

图3-122　重置选择和确认

### （五）登录时闪烁

工号登录营销数字化平台后，PC端闪烁登录不了的话，是因为该工号在统一权限系统中有，在营销数字化平台没有，无法跳转。

地市单位系统管理员通过"员工管理"在正确的供电所机构下新建该工号，在"用户管理"中关联该员工工号，分配角色和业务职责即可。

**（六）工号密码忘记了或者错误的问题**

让县公司/地市公司的现代化找统一权限的人员处理。

**（七）工号登录不上 i 国网**

联系开发人员处理。

**（八）多个工号问题**

部分员工有两个工号，工单在待处理环节，但在 i 国网手机端中查不到。处理的方法是在系统中删除 T 开头的工号，用国网工号处理工单。

**（九）手机 i 国网 App：营销移动作业中派发对象点击选择后无人员信息**

检查 PC 端派工时，是否有接收人，如果有，那看下对应接收人是否能登录 i 国网。如果不能，找地市管理员进行权限分配。

**（十）安全工器具送检模板下载不好使，弹出来空白页**

（1）点击增加行；

（2）保存工单；

（3）点击模板下载。

**（十一）关联工单维护界面无下拉选项**

看下资产管理里物料信息是否维护完全。

**（十二）关联工单在手机端收不到**

PC 端发起主工单和关联工单给张三后，登录 i 国网发现，主单可以收到，但是关联工单收不到的话，检查下张三的工号对应的营销业务应用系统组织结构是否在本供电所下面。可能原因是该工号在营销数字化平台与营销业务应用系统的单位不一致。

**（十三）主工单在手机端收不到**

检查相应人员是否在营销数字化平台有 2 个工号，一个是 26 开头的，一个是 T 开头的。

检查 i 国网 App 的版本，更新到最新版。

用工号进行登录，不要用关联的手机号登录。

**（十四）i 国网在登录营销移动作业平台时报错**

检查用户信息的时候报错，尝试打开飞行模式，再关闭，重新联网试试。

**（十五）全景地图在电脑上加载不出来**

map 资源加载地址是：http://map.sgcc.com.cn/products/epgis_portals/

在浏览器输入该地址进入思极地图，点击【根证书下载】→【国网 cfca 证书】，按照安装流程安装即可，见图 3－123、图 3－124。

图 3-123 根证书安装 1

图 3-124 根证书安装 2

## ● 第三节 本 章 小 结 ●

　　本章围绕数字化供电所建设体系中的营销数字化平台内容进行讲解，首先对于营销数字化平台的建设内容、建设目标进行了整体概述，全面介绍了"一账号、一平台、一工单、一终端、一工具"五个基础底座的建设内容；其次，对于营销数字化平台的使用，详细讲解了从移动应用端和 PC 端两个不同操作入口新建、处理工单的使用操作，并且对于使用中常见的应用问题及处理方式进行了处理方式的列举，帮助综合柜员人员更好地使用营销数字化平台。

# 第四章　能源互联网营销服务系统应用

## 第一节　能源互联网营销服务系统简介

能源互联网营销业务系统，即营销 2.0 系统，是国家电网公司学习借鉴世界一流公用事业解决方案，践行企业中台战略理念，重构营销业务体系与系统架构，全面适应营销数字化转型发展的新一代营销业务系统，具有客户聚合、敏捷迭代、架构柔性、数据共享、业务融通和智能互动等特征。

客户聚合−能源服务生态圈全客户的贯通；

敏捷迭代−构建开发运维一体化体系，提升应用交付效率；

架构柔性−微应用架构保证系统业务性和弹性伸缩能力；

数据共享−建设数据中台，实现数据交换、自助分析、决策分析；

业务融通−营销全领域的业务中台实现业务共享和融合；

智能互动−全面支撑智能互动需求。

### 一、系统突破

营销 2.0 系统对公司战略和营销规划做了业务落地设计，对营销 1.0 系统痛点做了改进提升，从客户认知、电力市场服务、新型业务赋能、运营精益化提升预期实现四项突破。

对客户认知的突破：构建企业级统一客户模型，汇聚全渠道全业态客户信息；建立客户 360 视图，组合应用客户属性、标签对客户进行多维度刻画。

对电力市场服务的突破：优化能源计费引擎，原子化解耦计费单元；设计售电公司与零售客户灵活电价配置及算费功能。

对新型业务赋能的突破：统一传统业务与新型业务客户模型、数据模型；设计新型业务需求洞察与服务响应的交互触点和数据埋点。

对运营精益化提升的突破：在数据中台，设计"一人一板、一屏通办"效率工具；在业务中台建设统一工单中心，统一工单编码和工单成本统计分析。

### 二、系统架构

营销 2.0 系统由前台、客户服务业务中台、营销业务服务、营销数据服务、客户物联应用中心和业务连接平台、服务连接平台、运营管理平台、运维监控平台、能力聚合平台五大支撑平台构成，底层环境由国网云平台、数据中台及公共共享服务研运一体化支撑组件（MSC）支撑。营销 2.0 系统架构见图 4−1。

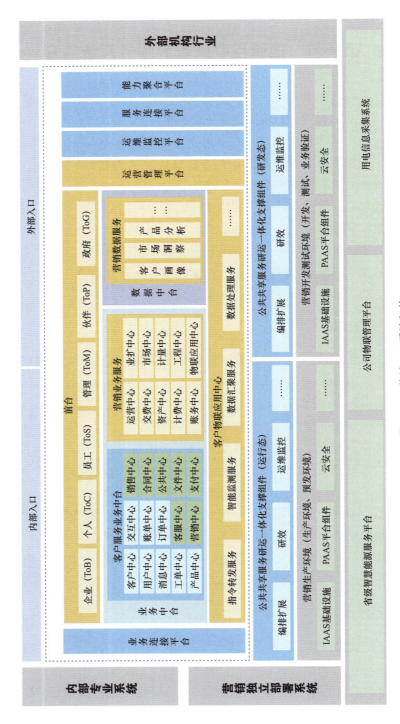

图 4-1 营销 2.0 系统架构

向下由物联应用中心通过公司物联管理平台汇聚客户侧设备信息与数据，向上营销业务服务支撑内外部业务开展，横向通过业务中台实现业务融通、通过数据中台实现数据共享。

营销 2.0 系统包含五大核心组成部分，即一个前台、两个中台、五个支撑平台、一个中心和两个服务。

一个前台即前端应用（含 PC 端、移动端）。

两个中台指的是客户服务业务中台和数据中台。

五个支撑平台分别是服务连接平台、业务连接平台、能力聚合平台、运营管理平台和运维监控平台。

一个中心，即客户物联应用中心。

两个服务指的是营销业务服务和营销数据服务。

营销 2.0 系统依托企业业务中台、数据中台及业务连接平台，与公司其他专业系统及第三方应用进行集成，实现业务融通和数据共享，形成业务接入、电源并网、售电市场、计费结算、资产管理、运行管理、市场管理等 23 个业务模块。

营销 2.0 数据模型整体归属客户域（对应 SG-CIM 的客户域），为便于分类管理，又细分为公共、客户、销售、计量、付费、服务、电商、充换电、综合能源、综合管理 10 个数据域，进一步再细分成 39 个数据子域，每个数据子域与一个业务中心对应，形成数据业务关系。

## 三、重要创新

营销 2.0 系统基于"以客户为中心、业务贯通、数字基因、管理精益、生态赋能"创新理念，引入新技术、新方法，在业务能力、技术能力等方面进行多项重要创新。

### （一）业扩报装

新一代营销系统增加网上国网等线上受理渠道，支持客户网上自助申请；增加"上门服务"办理支撑功能。多渠道、全方位为客户提供业扩办电服务。

### （二）电费

新系统将数据准备、示数获取、示数审核、量费计算、量费审核环节进行了合并，由系统控制自动化、智能化的开展抄核业务。

### （三）计量

在电能表、互感器、采集终端等传统计量设备管控水平提升的基础上，管理触角延伸至服务终端、充电桩、充电模块等营业服务设备以及移动作业终端、物联卡、电子标签等移动辅助设备，实现营销全域资产精益管控。

### （四）客户管理

基于全域数据，聚合客户消费行为、客户偏好、客户潜在需求等信息，逐步构建档案、消费、物联、服务、需求等维度的客户360全景视图，实现客户需求洞察、服务体验提升，真正做到关注客户价值、满足客户期望。

### （五）运营运维

运营是营销2.0业务发展、高效运营的支撑和保障，运维是支撑营销2.0系统稳定运行、更新迭代部署的有效保障，能力开放是聚焦生态、开放聚合、共建共荣支撑营销2.0系统赋能创收的窗口。

运营平台是通过对公司营销全业务全景实时感知监控，依托客户全生命周期运营，强化公司核心资源价值有效利用、数据驱动业务发展，培育生态产业，有效支撑运营决策，对外提升经营能力，对内反哺业务能力提升。

运维平台是以保障营销2.0系统业务连续性、系统稳定性为目标，在继承公司客服管理、调控管理、运行管理、检修管理等业务基础上，提供业务运维、系统运维服务，依托系统全景监控、风险智能预警、系统自动变更、服务高效协同，保障营销2.0系统稳定、连续运行。

### （六）客户侧物联应用中心

基于物联应用中心，开展居民家庭智慧用能服务，协助用户实现对家电的远程控制，并进一步激励用户参与柔性负荷调控等激励活动获取收益，从而促进居民家庭智慧设备发展和提高家庭综合能效水平。

### （七）统一工单中心

为贯彻落实建设"具有中国特色国际领先的能源互联网企业"战略要求，进一步提升企业经营和治理能力、改善用户体验、提高服务效率、提高劳动生产率、降低经营成本，国网营销部提出了学习借鉴SAP经验，助力电力营销数字化转型，助力营销2.0迭代优化，开展客户侧工单中心设计实施的建设工作。通过客户侧工单中心建设，实现工单智能调度和人、财、物信息的自动挂接，支撑企业经营成本自动归集、核算，提升公司整体治理、经营能力，提高客户服务水平。

### （八）合同账户

营销2.0系统将客户具有统一费用支付和欠费催缴方式的合同组合在一起开展交易结算等业务的账户。营销2.0客户主数据模型借鉴了SAP客户主数据模型设计理念，底层按业务、技术进行划分并高度抽象，支撑传统供用电业务，以及电动汽车、售电公司、综合能源、源网荷储等新兴电力业务，真正实现以客户为中心、以市场为导向、具备灵活可扩展能力的设计目标。

国网吉林省电力有限公司营销 2.0 系统推广实施开始于 2023 年 10 月 12 日，公司组织召开营销 2.0 系统实施推广推进会议，正式启动省测实施工作。系统建设经历了实施启动、培训适配，现场实施和上线投运四个阶段，完成了业务梳理、产品验证、电费试算、地市实施和接割演练等各项工作，于 2024 年 4 月 16 日正式上线。营销 2.0 系统涵盖了营销 1.0 体系中的 26 套系统，涉及业扩、抄表、核算、电费、市场、服务、计量、稽查、安全、网上国网等全部业务。

## ● 第二节　能源互联网营销服务系统基础功能 ●

### 一、系统登录

营销 2.0 服务系统布置在国网公司企业内网环境中，仍旧采用浏览器访问方式，支持浏览器 Chrome 99 版本及以上，要求操作系统 Windows7 及以上。访问地址为：http://25.68.235.66:18081/。如图 4－2 所示。

**图 4－2　营销 2.0 系统登录页面**

打开营销 2.0 系统页面（见图 4-2）后，需要使用账号密码才能实现系统功能的使用。营销 2.0 应用 ISC（Identity Service Center）对系统登录用户进行身份认证，统一管理营销 2.0 单位组织、登录用户、菜单资源地址、业务角色等基础信息，并对登录用户授予菜单权限。

## 二、页面介绍

成功登录系统后，可以在浏览器的主视图区域看到营销 2.0 系统相关内容。主视图上方为系统名称，搜索框、功能图标和当前账号人员信息。如图 4-3 所示。

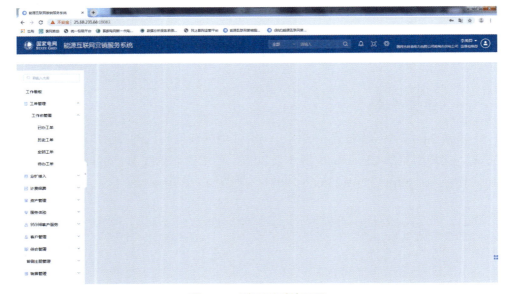

**图 4-3　登录后系统页面**

中间是工作看板，是对工作任务、工单状态、员工管理、指标监控等相关工作内容进行集中展示管理的界面，各岗位人员可以根据工作习惯拖拽功能切片组合界面，形成个性化定制的看板。

想要使用某项目功能时，可击左侧菜单查找外，还可以在左上角的搜索框输入关键词查找。当选中某项系统功能后，页面中会出现该功能的标签页（Tab），营销 2.0 系统允许用户在同一个浏览器窗口中打开多个标签页。

营销 2.0 系统同样是通过系统工单完成各项工作内容的。工单通常用于记录、跟踪和管理各种服务请求、维护任务或工作项目。工单中心为营销业务流程提供统一的派单规则配置功能以及调度引擎服务，支持网格派单、业务角色派单、工单要素派单，通过引擎服务计算工单处理人，实现基于工单中心配置规则的工单派发。

工单分类为母工单（流程）、子工单（环节）、通知单和联络记录，各类工单均采用统一的编码规则，目前的编码规则为：省单位编码（2）＋年月日（6）＋工单分类（1）＋自增序列（7），共16位。

通过系统的左侧菜单里面的工单管理功能可以完成对工单的操作。工单管理主要有待办工单、全部工单、工单管控等3个常用应用。

待办工单：工单流转主界面，可查看账号权限下工单信息，完成相关工单签收、改派、挂起、调度等功能。工单签收是指工单到下一环节时，在待办工单界面，勾选工单点击签收，当工单签收后说明只有你才能填写签收环节的内容，不是签收人，不可对当前环节内容进行操作。当只有单一待办人时，工单可自动签收。如图4-4所示。

图4-4　待办工单页面

待办工单下面的操作按钮都是要勾选工单后才能对勾选的工单做出相应的操作；"签收"：可对未签收工单进行签收；"取消签收"：可对已签收工单进行取消操作；"申请终止"：对工单提出终止申请操作；"撤销申请"：对发起申请且未审批的工单进行撤销申请操作；"申请回退"：让工单回退到上一环节发起申请操作；"申请改派"：想指定某个人处理此工单，需要此按钮发起申请操作；"申请调度"：申请回退到指定环节操作；"申请挂起"：对工单进行停止运行申请操作。

全部工单：用于展示该账号下有权限查看的所有工单，点击流程名称，可查看工单环节信息。

工单管控：可搜索查看所在管理单位下在途所有工单，实现工单改派、调度、回退等工作。

回退：营销 2.0 回退功能仅能实现将工单回退到上一环节，与 1.0 回退功能差异较大。

改派：可将工单改派到其他人员账号下。某工单环节在角色 A 账号下，角色 A 因某原因无法处理，可通过改派功能将该环节派发给角色 B 账号下。

调度：可将工单调度回之前走过的环节，可选择"直接返回"或"原路重走"，类似于营销 1.0 中"发送原环节"或"正常发送"功能（直接返回：调度到你选择的目标环节进行处理，处理后会直接返回当前环节；原路重走：终止当前所有运行环节，调度到你选择的目标环节进行处理，之后从调度的目标环节开始重新走工单）。

挂起：可将工单变为非运行状态。挂起后的工单无法发送至下一环节（挂起恢复后工单变为正常运行状态）。

### 三、基本设置

#### （一）客户标签标记

营销 2.0 工单信息页面，客户信息新增了客户标签维护功能，可以对客户进行标签标记。在营销 2.0 系统中，客户可能或已经与公司存在业务往来的自然人、法人或其他组织。客户可以初步分为用电客户和发电客户。

客户标签是客户特征的浓缩，是利用内外部数据还原客户、洞察客户需求。客户标签分为规则标签和手工标签，规则标签由系统根据标签规则对客户进行判定后自动标记，手工标签通过系统功能"客户标签标记"查询出客户信息后进行手工标记。客户标签标记是指省、市、县等各级专业专职或业务人员根据标签的配置和业务需要，对标签主体进行标签标记的工作。

1. 客户标签绑定操作

（1）登录系统，点击客户管理/客户细分/客户标签标记，页面进入客户标签标记默认页面。

（2）输入查询条件，选择标签主体，点击【查询】按钮，页面查询出对应的标签清单。

（3）选择一条标签，输入标记对象查询条件，点击【查询】按钮，页面查询出符合绑定选择标签的用户/客户。如图4-5所示。

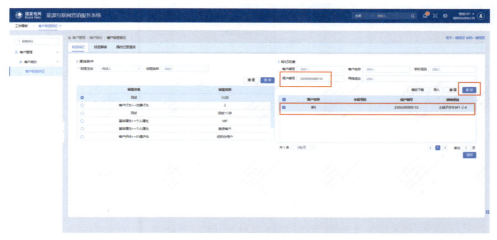

图4-5　客户/用户信息

（4）选择客户/用户查询结果信息，点击【保存】按钮，页面提示绑定成功。如图4-6所示。

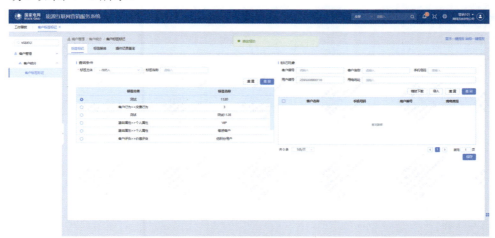

图4-6　绑定结果

2. 批量绑定操作

（1）登录系统，进入客户标签标记默认页面。

（2）选择一条标签，点击【模板下载】按钮，根据选择标签主体下载对应导入模板，页面提示下载模板成功。如图4-7所示。

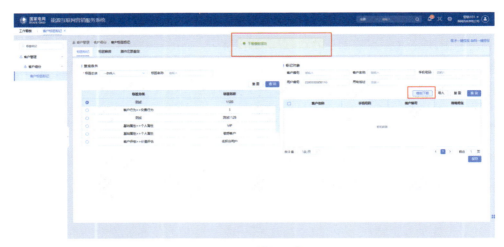

图4-7 模板下载

（3）点击【导入】按钮，页面弹出选择导出文件选择框。如图4-8所示。

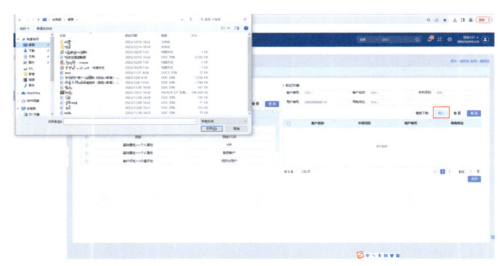

图4-8 导入选择

（4）导入文件选择完成，点击打开，页面弹出导出成功提示，标签批量绑定成功。

3. 标签解绑操作

（1）登录系统，进入客户标签标记默认页面。

（2）击 Tab 标签解绑，页面跳转到标签解绑默认页面。如图4-9所示。

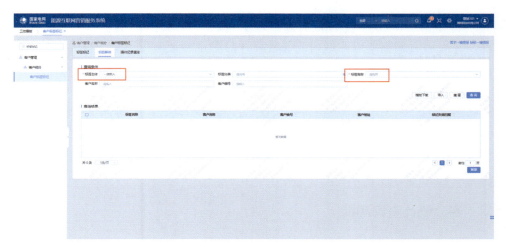

图 4-9　解绑默认页面

（3）输入查询条件，点击【查询】按钮，下方查询结果查询出对应条件已绑定标签的客户/用户信息。

选择一个查询结果，点击【解绑】按钮，页面提示解绑成功，该结果解绑该条标签。

增加后的标签可在客户 360 视图中"客户画像"、客户视图中"客户标签"、用电户视图中"用户标签"进行查询查看。还可以通过系统功能"标签群体筛选"对标签群体进行查询。

客户 360 视图是指信息系统展示客户全貌信息的业务。客户全貌信息包括客户基本信息、客户关系信息、客户画像、会员信息、信用信息、业务受理信息、账户余额信息、账单信息、代扣信息、投诉信息、订单记录信息、用户信息（电能计量信息、电费电价信息、用户联系信息、用户设备信息、用户地理信息、合同签订等信息）等。

通过对客户标记的标签，可以提升公司对客户潜在诉求的洞察力，提高对客户服务认知，为营销服务推广提供指引，便于对客户提供精准化服务。

举例：智能催费场景，根据客户交费时间习惯、交费渠道偏好等信息对客户标记相应标签，系统根据不同标签的客户进行执行不同的催费策略。比如某一客户标记为月中交费习惯、营业厅交费偏好，系统可以在月中时给客户发送短信提醒交费。

### （二）登录常用 IP 管理

安全登录管理是通过配置的形式对营销 2.0 的人员账号登录进行权限管

控，通过配置开启那些单位开启安全验证，可选择全部开启或针对单个单位开启，开启后所属该单位范围内的账号将开启登录验证常用 IP，非常用 IP 将进行验证授权，验证不通过不允许登录。

可对特殊的账号配置白名单，配置并开启后将不再进行安全登录验证。登录常用 IP 管理模块由各单位管理员进行配置维护，管理员可通过该功能直接定义账号与 IP 的对应管理，通过该功能新增可实现一个账号绑定多个常用 IP，绑定多个只能通过管理员进行绑定，系统自动绑定只能绑定一个常用 IP，即首次登录认证绑定的常用 IP。

## 四、统计查询功能

### （一）工单信息查询

（1）登录系统，点选"业扩接入/统计查询/查询主题/工单信息查询"，打开业务费确定界面，如图 4–10 所示。

图 4–10　业务费确定界面

（2）点击【国网吉林省电力有限公司】选择相应的业务类型，如图 4–11 所示。

图 4–11　业务类型

### （二）公共查询

公共查询是指客户经理在营销系统查询检查计划信息、违约用电窃电信息、设备运行档案信息、用户检查周期及检查人员信息、计量故障信息、整改信息、客户用电事故管理信息、高危重要客户信息、停电信息。

（1）登录系统，点选"业扩接入/统计查询/统计主题/公共查询"打开界面，如图 4-12 所示。

**图 4-12　公共查询页面**

（2）根据需要输入查询条件，点击【查询】按钮，查询出所需要的数据，如图 4-13 所示。

**图 4-13　查询页面**

（3）点击列表里面的"查看"链接，弹出"现场服务详情"页面，如图4-14所示。

图4-14　现场服务详情

（4）点击"违约用电窃电查询"链接，进入"违约用电窃电查询"Tab页，如图4-15所示。

图4-15　违约用电窃电查询

（5）根据需要输入查询条件，点击【查询】按钮，查询出所需要的数据，如图4-16所示。

图 4-16　违约用电窃电查询结果

（6）点击列表里面的"查看"链接，弹出"合同履约详情"页面，如图 4-17 所示。

图 4-17　合同履约详情

（7）点击"设备运行档案查询"链接，进入"设备运行档案查询"Tab 页，如图 4-18 所示。

（8）根据需要输入查询条件，点击【查询】按钮，查询出所需要的数据，如图 4-19 所示。

图 4-18  设备运行档案查询

图 4-19  设备运行档案查询结果

（9）点击列表里面的"查看"链接，弹出"设备运行档案详情"页面，如图 4-20 所示。

图 4-20  设备运行档案详情页面

（10）点击"用户检查周期及检查人员查询"链接，进入"用户检查周期及检查人员查询"Tab 页，如图 4-21 所示。

图 4-21　用户检查周期及检查人员查询

（11）根据需要输入查询条件，点击【查询】按钮，查询出所需要的数据，如图 4-22 所示。

图 4-22　查询页面

（12）点击"计量故障查询"链接，进入"计量故障查询"Tab 页，如图 4-23 所示。

（13）根据需要输入查询条件，点击【查询】按钮，查询出所需要的数据，如图 4-24 所示。

图 4-23　计量故障查询

图 4-24　计量故障查询结果页面

（14）点击"整改信息查询"链接，进入"整改信息查询"Tab 页，如图 4-25 所示。

图 4-25　整改信息查询

（15）根据需要输入查询条件，点击【查询】按钮，查询出所需要的数据，如图4-26所示。

**图4-26　整改信息查询结果页面**

（16）点击"客户用电事故查询"链接，进入"客户用电事故查询"Tab页，如图4-27所示。

**图4-27　客户用电事故查询**

（17）点击"高危重要客户"链接，进入"高危重要客户"Tab页，如图4-28所示。

（18）根据需要输入查询条件，点击【查询】按钮，查询出所需要的数据，如图4-29所示。

（19）双击选择一条列表里面的数据，列表下部自动填充信息如图4-30所示。

**图 4-28 高危重要客户**

**图 4-29 高危重要客户查询结果**

**图 4-30 高危重要客户档案基本信息**

（20）点击"停电信息"链接，进入"停电信息"Tab 页，如图 4-31 所示。

**图 4-31　停电信息**

（21）根据需要输入查询条件，点击【查询】按钮，查询出所需要的数据，如图 4-32 所示。

**图 4-32　停电信息查询结果页面**

（22）点击列表里面的"查看"链接，弹出"停电详情"页面，如图 4-33所示。

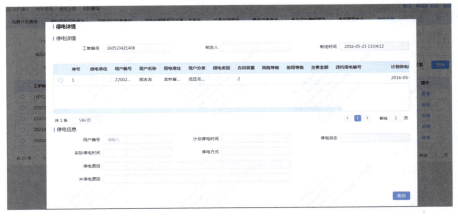

**图 4-33　停电详情**

重要客户包含党政机关、国防、信息安全、交通运输、水利枢纽、公共事业、其他重要用户。

高危客户类别包含煤矿、非煤矿山、冶金、石油、化工、危险化学品、其他高危客户。

### （三）业务受理明细信息查询

点击登录系统，进入业扩接入/统计查询/查询主题/业务受理明细信息查询。如图4-34所示。

图4-34　业务受理明细信息查询

## ● 第三节　能源互联网营销服务系统业务功能 ●

### 一、获得电力业务处理

#### （一）业务一：低压新装、增容

低压新装、增容业务包含居民的新装、增容业务和小微企业客户、其他非居民客户的新装、增容业务以及临时用电业务（见表4-1）。

用电主体资格证明包括用电人身份证明（如居民身份证、临时身份证、户口本、军官证或士兵证、台胞证、港澳通行证、外国护照、外国永久居留证（绿卡），或其他有效身份证明文书等）。非居民用户的主体资格证明还包括营业执照、组织机构代码证等。

用电地址权属证明包括房屋产权所有证（或购房合同）或土地使用证、租赁协议（还需同时提供承租户房屋产权证明）、法院判决文书（必须明确房屋产权所有人）等。提供复印件时，企事业单位应加盖公章。

表4-1 低压新装、增容业务

| 业务内容 | 业务办理流程 | | | 补充说明 |
|---|---|---|---|---|
| | 业务受理（受理签约） | 外部工程实施 | 装表接电（施工接电） | |
| 居民新装、增容 | 所需资料：用电主体资格证明；用电地址权属证明 | 无 | 具备直接装表条件的，3个工作日内完成装表接电 | 办理电采暖业务时，还需提供电采暖设备检验报告及设备出厂合格证原件或复印件 |
| 小微企业新装、增容、临时用电 | | 无 | 15个工作日内完成装表接电 | |
| 非居民客户新装、增容、临时用电 | | 产权分界点以下部分由客户负责施工，产权分界点以上工程由供电企业负责 | 竣工检验合格后，2个工作日内为客户装表接电 | |

客户申请时无法提供全部申请资料，供电企业将提供"一证受理"服务，先行受理，启动后续工作。对于实现政企信息联动，自动获取用电主体资格证明和产权证明的，可不需要客户提供。

营销2.0系统中将单独的低压居民新装、低压居民增容合并为低压居民新装增容，将低压非居民新装、低压非居民增容合并为低压非居民新装增容。对于存量用户，低压新装增容默认为办理增容业务。在营销2.0系统中，低压非居民新装增容客户提出新装用电、增加合同约定用电容量且最终电压等级在0.4kV及以下的办电需求时，本供电企业所开展的业扩报装业务。相应电压等级的基建工地、农田水利、市政建设等非永久性装表临时用电及不增加容量只增设供电回路的变更业务也属于该业务范围。低压非居民业务的系统流程见图4-35。

低压非居民新装的相关操作过程为：

1. 营业厅受理

营业厅受理是指受理人员使用电脑，收集客户办电需求、用电地址、联系方式、用电客户编号等相关信息及申请资料的工作。在受理期间，可提供个性化的产品目录供客户选择。

（1）登入系统，通过左侧工作看板，点击进入业扩接入/获得电力/低压居民新装增容/营业厅受理界面，如图4-36所示。

（2）在图4-37界面，点击客户编号输入框右侧的 ≡ ，弹出客户查询窗口。

（3）输入用电户编号、客户名称、供电单位等信息，点击【查询】，查询出对应的客户信息。

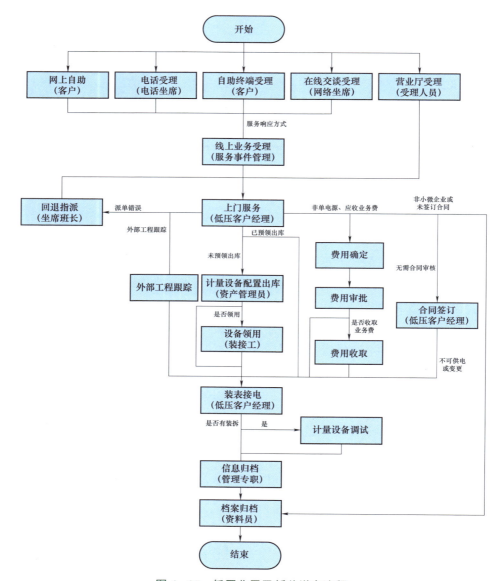

图 4-35    低压非居民新装增容流程

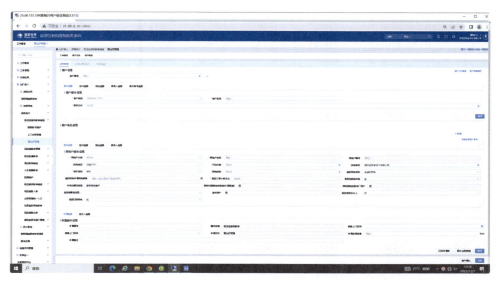

图 4-36 营业厅受理

（4）选中客户信息，点击【确定】，将选择的信息返回到营业厅业务受理的客户编号输入框中。如图 4-37 和图 4-38 所示。

图 4-37 客户信息 1

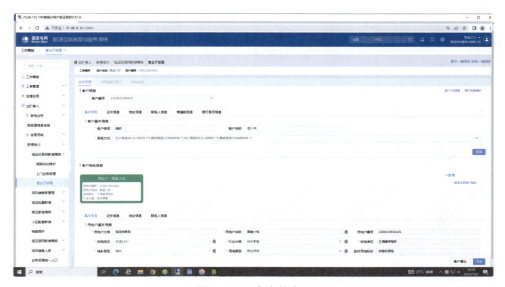

图 4-38 客户信息 2

（5）当需要新增客户信息时，在业扩接入/获得电力/低压非居民新装增容/营业厅受理界面，在客户信息列表的基本信息 Tab 页，选择"客户类别"填写"客户名称""联系信息"，"联系信息"通过右侧 ▣ ，进行选择输入。

（6）在客户信息列表，点击证件信息，打开证件信息 Tab 页，在下拉框中，选择证件类型，点击【新增】，生成证件信息，点击该证件信息，如图 4-39 所示。

图 4-39　证件信息

（7）在当前界面，输入"证件名称""证件号码"。

（8）在客户信息列表，点击地址信息，打开地址信息 Tab 页，点击【新增】，生成地址信息，如图 4-40 所示。

图 4-40　地址信息

（9）在当前界面，通过地址信息右侧 ▣ ，选择输入地址信息。

（10）在客户信息列表，点击联系人信息，打开联系人信息 Tab 页，点击【新增】，生成联系人信息，如图 4-41 所示。

图 4－41　联系人信息

（11）在当前界面，选择输入"联系人""联系方式"，"联系方式"通过右侧 ，进行选择输入，如图 4－42 所示。

图 4－42　联系人信息录入

（12）在客户信息列表，点击增值税信息，填写相关信息，如图 4－43 所示。

图 4－43　增值税信息录入

（13）在客户信息列表，点击银行账号信息，打开联银行账号信息 Tab 页，点击【新增】，编辑银行账号信息，如图 4－44 所示。

图 4-44　银行账号信息

（14）在当前界面，"渠道编号""银行账号信息"分别通过右侧 ≡ ，进行选择。

（15）客户信息完成输入后，点击右下【保存】，进行客户信息保存。

（16）保存完客户信息后，查看下方客户角色信息，点击用电户选择框右上的【新增】，可以生成一个用电户角色卡，如图 4-45 所示。

图 4-45　新增用电户角色卡

（17）在客户角色信息列表中基本信息 Tab 页，选择输入"用电户分类""用电类别"，"行业分类"通过右侧 ≡ ，根据客户情况进行选择输入，如图 4-46 所示。

图 4-46　基本信息录入

（18）证件信息、地址信息、联系人信息 Tab 页操作，操作内容与客户信息类似。如图 4-47 所示。

**图 4-47 证件、地址、联系人信息**

（19）用户信息保存后，在申请信息列表，填写"申请容量"，点击右下角【保存】，保存申请信息，如图 4-48 所示。

**图 4-48 申请信息保存**

（20）保存申请信息后，如果"是否三零小微企业"字段为"三零小微""三零非小微"，通过鼠标滑轮返回界面最上方，点击合同起草/签订，进入合同起草/签订界面，如图 4-49 所示。

**图 4-49 合同起草/签订**

（21）在当前界面，可以修改合同账户信息，点击【保存】，保存合同账户信息，如图 4-50 所示。

图 4-50　合同账户信息保存

（22）合同账户信息保存后，点击合同起草信息，进入合同起草信息界面，如图 4-51 所示。

图 4-51　合同起草信息

（23）在当前界面，点击右上角自由格式合同或（ ），在弹出框中，选择输入相关信息，点击【确定】，可以带出合同模板信息，目前需添加低压供电合同及电费结算协议，如图 4-52 和图 4-53 所示。

图 4-52　合同模板（一）

图 4-53　合同模板（二）

（24）如果需要重新新增合同，在合同起草信息界面，点击【删除】，删除已有合同，通过（23）步骤，进行新增，带出合同信息后，选择该合同，填写或修改"起草时间""有效期"，点击【确定】，确定合同起草信息。

（25）合同起草信息确定后，点击合同签订，进入合同签订界面，如图 4-54 所示。

图 4-54　合同签订

（26）在当前界面，选择填写"乙方签订人""生效日期"，点击【确定】，进行合同签订。

（27）合同签订确认完成后，点击用电收资，进入用电收资界面，如图 4-55 所示。

（28）在当前界面，点击【＞】，可以展示用电收资资料。

（29）在当前界面，点击【收集】，在弹出框中，点击【选取附件】，选择附件后，点击【确定】，可以进行附件上传，如图 4-56 所示。

图 4-55　用电收资

图 4-56　资料上传 1

图 4-57　资料上传 2

（30）　资料上传后，点击【保存】，保存用电收资。

（31）　用电收资保存后，点击【发送】，流程发至下一环节。

营销 2.0 系统根据网格化派工原理，利用工单中心的微服务，实现工单的自动派工，该网格内的工作人员都能看到此工单，签收后可进行工单的处理。

2．上门服务

低压新装增容在完成"营业厅受理"或"线上业务受理"后触发"上门服务"环节。上门服务是指低压客户经理使用电脑或移动作业终端，接收系统自动派工的任务，通过电网资源业务中台获取现场情况，拟定初步接入方案、计量方案（包括采集点方案）以及计费方案等供电方案内容，并按照国家有关规定及物价部门批准的收费标准，确定相关项目费用；出具配套工程施工图及物料清单的工作。与客户约定现场勘查时间，在现场勘查期间，核实现场的施工条件，如有配套外部工程则同步运检部外部工程建设方案。现场勘查过程中发现业务无法进行，备注情况后将相应证据上传附件。在上门服务期间，指导客户选择用能服务需求，开展用能数据采录并提供个性化的产品目录供客户选择。对于小微企业，与客户签订供用电合同、电费结算协议等（支持客户通过电子签名进行合同签订）。

上门服务完成后，再经过合同签订、计量设备配置出库、装表接电、信息归档和档案归档等环节后，即可完成低压新装、增容的系统流程。营销 2.0 系统优化了资料归档环节的资料审核功能，在档案归档接收审查界面会逐项加载显示资料预览信息，便于工作人员审核，提高了资料审核工作效率。同时营销 2.0 系统在档案归档环节可根据资料规范性适当补充或修改相关资料。

### （二）业务二：高压新装增容

高压新装增容是指客户提出新装用电、增加合同约定用电容量且最终电压等级达到 10（6）kV 及以上的办电需求时，本供电企业通过业务受理、方案制定、计量设备装拆、验收送电等工作，建立或变更用电客户档案，实现客户获得电力所开展的业扩报装业务。相应电压等级的基建工地、农田水利、市政建设等非永久性装表临时用电的新装及不增加容量只增设供电回路的变更业务也属于该业务范围。

高压新装增容业务受理时，所需的资料除用电主体资格证明和用电地址权属证明外，还需要当地发改部门关于项目立项的批复、核准、备案文件，或当地规划部门关于项目的建设工程规划许可证。企业、工商、事业单位、社会团体的申请用电委托代理人办理时，还应提供：

（1）授权委托书或单位介绍信（原件）；

（2）经办人有效身份证明（包括身份证、军人证、护照、户口簿或公安机关户籍证明等）。

对于高危及重要客户、煤矿客户等特殊客户，还需要增加的资料见表4-2。

表4-2　　　　　　　　特殊客户需要增加的资料

| 客户性质 | 高危及重要客户 | 煤矿客户 | 非煤矿山客户 | 电采暖客户 |
|---|---|---|---|---|
| 需要增加的资料 | （1）保安负荷具体设备和明细；<br>（2）非电性质安全措施相关资料；<br>（3）应急电源（包括自备发电机组）相关资料 | （1）采矿许可证；<br>（2）安全生产许可证 | （1）采矿许可证；<br>（2）安全生产许可证；<br>（3）政府主管部门批准文件 | （1）设备检验报告；<br>（2）设备出厂合格证原件或复印件203 |

高压新装增容的营销2.0系统流程见图4-58。营销2.0系统中将1.0中单独的高压新装、高压增容和装表临时用电流程合并为高压新装增容流程，办理高压业务时统一应用高压新装增容流程，并根据客户需求，在申请工单→营业厅受理→申请基本信息→需求类型中选择相应到业务类型办理相关业务。

营销2.0系统中对于单电源单计量点高压10kV新装、低压居民新装、低压非居民新装流程，在现场勘查环节供电方案拟定Tab页→接入方案→受电点方案→电源方案信息页面下新增"方案智能编审"按钮，点击后系统会通过用户申请时的容量等相关信息自动生成计费、计量方案，并支持人工修改。其中，计费方案自动生成定价策略和电价，计量方案自动生成计量点基本信息、电能表方案、互感器方案，提高了供电方案编审效率，降低基层工作负担。

营销2.0系统在高压新装增容流程答复供电方案完成后主动将业扩配套工程建设需求推送至相关部门业务平台，相关部门完成配套工程关键环节后，自动将环节时间和处理人信息反馈营销系统配套工程实施环节进行集中展示。

### （三）业务三：低压分布式电源新装增容

低压分布式电源新装增容是指分布式电源客户，通过上门业务受理、客户并网需求挖掘、网上自助、电话受理、在线交谈受理、营业厅受理等常规渠道，提出发电并网、增加接入电网合同约定容量且最终电压等级在0.4kV及以下的分布式电源并网需求时，本供电企业通过业务受理、方案拟定、计量设备装拆、并网验收等工作，建立或变更发电客户档案，实现分布式电源并网所开展的业务。

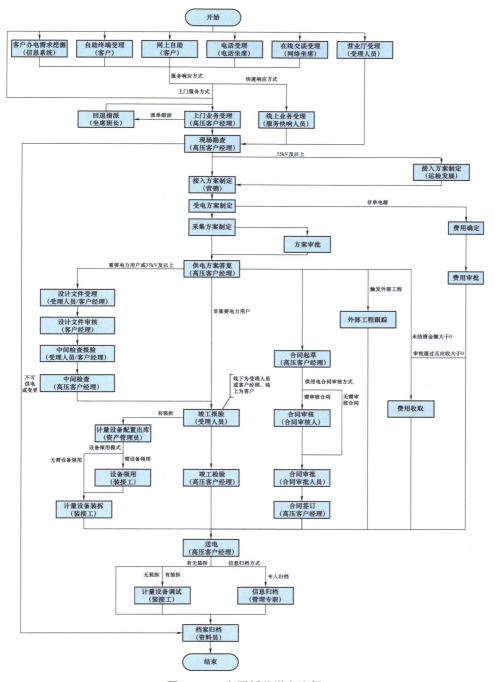

**图 4-58  高压新装增容流程**

1. 居民低压分布式电源新装增容

居民分布式电源并网的业务流程为：

客户提交并网申请→现场勘查→答复接入方案→客户工程施工→答复设计文件审查意见→供电公司安装表计并与客户签订合同→并网验收调试。

（1）受理低压居民分布式光伏并网业务，所需要的资料为：

1）身份证原件及复印件；

2）房产证或其他房屋使用的证明文件；

3）对于利用居民楼宇的屋顶或外墙等公共部位建设的项目，应有物业出具的同意建设的证明材料。

光伏发电本体工程及接入系统工程完成后，容量在 100kW 及以上用户需要提供设计图纸，客户可向当地供电公司提交并网验收及调试申请。

（2）递交验收调试所需资料为：

1）施工单位及设计单位资质复印件；

2）接入工程初步设计报告、图纸及说明书；

3）主要电气设备型式认证报告或质检证书（包括发电、逆变、开关等设备）；

4）并网工程的验收报告或记录。

在正式并网前，当地供电公司完成相关计量装置的安装，并与客户按照平等自愿的原则签订《发用电合同》，约定发用电相关方的权利和义务。

当地供电公司安排工作人员上门为客户免费进行并网验收调试，出具《并网验收意见书》。对于并网验收合格的，调试后直接并网运行；对于并网验收不合格的，当地供电公司将提出整改方案，直至并网验收通过。

根据《分布式光伏发电项目管理暂行办法》（国能新能〔2013〕433 号）、《国家能源局关于进一步加强光伏电站建设与运行管理工作的通知》（国能新能〔2014〕445 号）等文件规定，分布式光伏发电项目采用的光伏电池组件、逆变器等设备须采用经国家认监委批准的认证机构认证的产品，符合相关接入电网的技术要求；承揽分布式光伏发电项目设计、施工的单位应根据工程性质、类别及电压等级具备政府主管部门颁发的相应资质等级的承装（修、试）电力设施许可证；分布式光伏发电项目的设计、安装应符合有关管理规定、设备标准、建筑工程规范和安全规范等要求。

2. 企业低压分布式电源新装增容

分布式电源并网的业务流程为：客户提交并网申请→现场勘查→答复接入方案→客户提交接入系统设计文件→答复设计文件审查意见→客户工程施工→客户提交并网验收及调试申请→供电公司安装表计并与客户签订合同→并网验收调试。

（1）受理企业客户分布式光伏并网业务，所需要的资料为：

1）经办人身份证原件、复印件和法定代表人身份证原件、复印件（或法人委托书原件）；

2）企业法人营业执照、税务登记证、组织机构代码证、土地证等项目用地合法性支持文件；

3）发电项目接入系统设计所需资料（发用电设备相关资料）；

4）合同能源管理项目、公共屋顶光伏项目，还需提供建筑物及设施使用或租用协议。

容量在 100kW 及以上用户需要提供设计图纸，380（220）V 多点并网或 10kV 并网的项目，客户在正式开始接入系统工程建设前，需自行委托有相应设计资质的单位进行接入系统工程设计，并将设计材料提交当地供电公司审查。

（2）设计审查所需资料：

1）设计单位资质复印件；

2）接入工程初步设计报告、图纸及说明书；

3）隐蔽工程设计资料；

4）高压电气装置一、二次接线图及平面布置图；

5）主要电气设备一览表；

6）继电保护、电能计量方式。

当地供电公司依据国家、行业、地方、企业标准，对客户的接入系统设计文件进行审查，出具、答复审查意见。客户根据审查意见开展接入系统工程建设等后续工作。若审查不通过，供电公司提出修改意见；若客户需要变更设计，应将变更后的设计文件再次送审，通过后方可实施。

光伏发电本体工程及接入系统工程完成后，客户可向当地供电公司提交并网验收及调试申请。

（3）递交验收调试所需资料。包括：

1）项目备案文件；

2）施工单位资质复印件；

3）主要电气设备型式认证报告或质检证书（包括发电、逆变、开关等设备），继电保护装置整定记录，通信设备、电能计量装置安装、调试记录；

4）并网工程的验收报告或记录；

5）项目运行人员名单及专业资质证书复印件。

根据国家相关规定，分布式光伏发电项目结算上网电费、获得国家补贴还应按照《国家能源局关于实行可再生能源发电项目信息化管理的通知》（国能新能〔2015〕258号）要求，在项目核准（备案）、申请并网、竣工验收等关键环节前后，及时登录国家能源局网站的可再生能源发电项目信息管理平台填报项目建设和运行的相关信息，以纳入国家补助资金目录；按照相关手续完成备案并建成并网；至当地工商行政管理部门变更相应的经营范围；每月5日前，根据当地供电公司提供的上月上网电费及发电补贴结算单可开具相应增值税发票（小规模纳税人可至当地国税部门征询代开事宜），将发票返回当地供电公司；当地供电公司根据票面金额于每月8日前结算支付。

3. 低压分布式电源并网受理系统操作

在营销2.0系统中，分布式电源受理发生了一些变化。一是改变了以发/用电户为主体的服务理念，在营业厅受理时要优先根据身份证、营业执照查询客户信息，在原有客户信息下新增发电户；二是改变业务申请受理模式，传统模式是客户填写单据、我们对照录入，营销2.0变为工作人员系统录入信息，打印申请单后客户可以线上签字确认，可采用线下纸质签字确认；三是增加了更多客户交互，在方案答复、中间检查、合同签订等环节，营销2.0增加了信息推送接口和客户确认接口；四是新增证件获取功能，除了网上国网外，营销2.0还预留了新能源云、政务平台等接口，可实现刷脸办电功能，身份证、不动产权证、营业执照等文件政务平台信息获取、存储等功能。

分布式业扩业务的业务受理操作在营销2.0业务系统中的流程为：

（1）登录系统，在左侧导航树中点击分布式电源并网管理–分布式电源并网–低压分布式电源新装增容–营业厅受理。如图4–59所示。

（2）新建客户，如图4–60所示，在基本信息中客户类别选择"个人"，维护客户名称和联系方式信息，然后切换证件信息、地址信息、联系人信息、银行账号信息然后再点击【保存】按钮。

注：客户类别选择个人时增值税信息不可维护。

图 4-59　营业厅受理

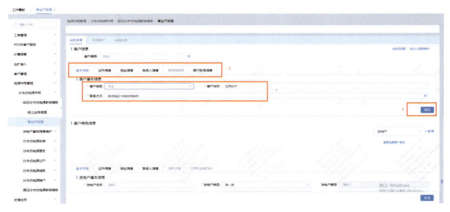

图 4-60　新建客户

（3）点击页面右侧【+新增】按钮新建发电户，输入发电户基本信息、地址信息、联系人信息、项目信息。如图 4-61、图 4-62 所示。

图 4-61　发电户基本信息

（4）申请信息中可以按照需求填写并网容量，维护完发电户信息后点击【保存】按钮系统自动生成申请编号。如图 4-63 所示。

图 4-62　发电户基本信息

图 4-63　申请信息

（5）关联用电户信息中选择创建用电户，点击用电户编号输入框，系统弹出用电户申请信息维护窗口，完善用电户申请信息点击保存按钮，可生成用电户编号及用电户名称。如图 4-64 所示。

注：用电户管理单位与发电户管理单位需要保持一致。

图 4-64　用电户申请信息

（6）点击办电收资 Tab 页，展示资料清单信息。如图 4−65 所示。

图 4−65　办电收资

（7）点击"收集"按钮，进入档案采集页面。如图 4−66 所示。

图 4−66　档案采集

（8）上传附件点击确认。如图 4−67 所示。

图 4−67　上传附件

（9）点击【保存】按钮。如图 4-68 所示。

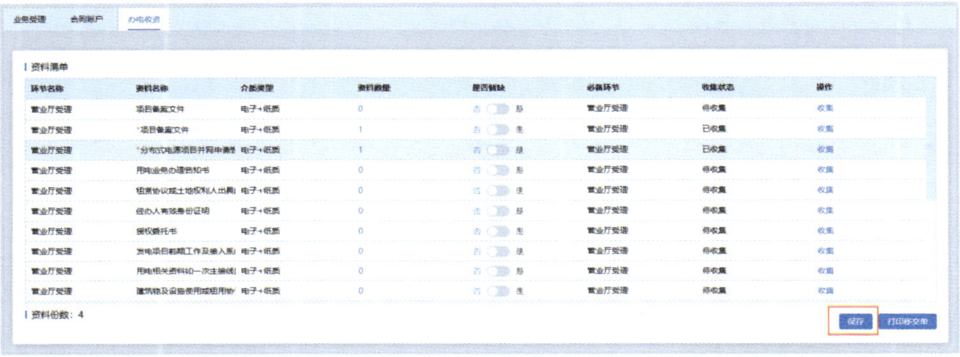

图 4-68 保存

（10）维护完所有信息点击【发送】按钮，流程下发到勘查及方案拟定环节。

### （四）业务四：电动汽车充换电设施新装增容

1. 业务办理流程

客户提交申请→现场勘查→答复接入方案→客户工程施工→答复设计文件审查意见→供电公司安装表计并与客户签订合同。

2. 申请所需资料

（1）个人客户提交的申请资料：

1）填写非居民用电申请表；

2）新能源汽车购置或使用证明；

3）客户有效身份证件，可以是身份证、军官证、户口本、护照等；

4）固定车位产权证明或产权单位许可证明（用户至少需要一年以上的使用证明）；

5）街道办事处或物业出具同意使用充换电设施及外线接入施工的证明材料（对不涉及外部工程的用户不做硬性规定）；

6）充电桩技术参数资料。

（2）单位客户提交的申请资料：

1）填写非居民用电申请表并盖章；

2）单位主体资格证明材料原件及复印件，如营业执照或事业单位登记证、社团登记证；

3）单位法人代表（负责人）身份证件原件及复印件；

4）单位开具的委托书（盖公章）及被委托人身份证件；

5）固定车位产权证明或产权单位许可证明（包括土地或房产证明）；

6）充电桩技术参数资料；

7）高压客户负责充换电设施外线接入部分所涉及的政策处理、市政规费、青苗赔偿。

若单位客户对外提供充换电服务，具有经营性质，必须由政府相关部门颁发营业执照，且营业执照中的经营范围明确了允许开展电动汽车充换电业务的合法企业，在一个固定集中的场所，开展充换电业务。

### （五）业务五：预受理信息审核

营销 2.0 中，由线上渠道发起的用电申请工单，需要首先通过"服务事件管理"功能查看工单列表，点击"未审核"的工单进入"预受理信息"审核界面，完成预受理工单审核后直接进行正式工单业务受理。

预受理信息审核是指服务快响人员接收来自"网上国网"App、政府投资项目审批平台等线上渠道传递的预申请工单，并对预申请工单开展办电申请信息审核、预约派单的工作。

1. 预受理信息审核操作说明

首先打开预受理信息审核页面弹窗初始化页面，最多展示 5000 条预受理工单。如图 4-69 所示。

**图 4-69　预受理信息审核页面**

可以根据查询条件，查询出相对应结果。

点击查询出来的那一列数据（你需要的数据）点击审核结果那一栏点击未审核的工单，并锁定该工单同时打开预受理申请信息，展示当前未审核的详细信息。并且根据页面中的功能按钮操作对于功能，包括一些可编辑的字段，对证件的查看和 OCR 识别等。如图 4-70 所示。

图 4-70 预受理申请信息 1

在点击未审核后的工单进入预受理申请信息页后，在未保存前发现该工单不该自己处理，可以点击解锁，将工单放回工单池中，其他人可以对该工单操作。如图 4-71 所示。

图 4-71 预受理申请信息 2

根据实际情况填写审核结果中的内容，确认填写完成后点击保存按钮，将信息保存，保存后不可解锁，需要发送或者派单。

附件列表一栏是从网上国网客户那边传过来的可以查看。

审核结果为审核通过未派单且保存后选择派单，需要选择一个人员，点击发送即可；不选择派工人员根据工单中心网格派工。

也可点击发送，点击发送将工单派给自己并跳转至对应产品的线上业务受理环节。

（1）预受理信息审核页面初始化。如表4-3所示。

表4-3 预 受 理 审 核 页 面

| 输入项目 | 控制内容 | 输入项目 | 控制内容 |
| --- | --- | --- | --- |
| 审核结果 | 填写项非必填项 | 客户名称 | 页面非必填项 |
| 用电户名称 | 页面非必填项目 | 用电地址 | 页面非必填项 |
| 供电单位 | 默认当前账号所属单位 | — | — |

（2）点击【预受理信息审核】。点击查询按钮，根据输入的查询条件，查询显示出预受理信息列表数据。

点击审核结果列的审核中（锁定）按钮，根据输入的查询条件，查询显示出客户联系信息列表数据、附件列表数据、增值税信息，有历史审核记录和维护记录也展示。

（3）点击【预受理信息审核】。点击派单后跳转工单发送点击发送工单截止。

2.预受理信息审核操作注意事项

预受理信息审核查询目前默认不支持包含下级查询，如需查询下级供电单位预申请单需手动勾选供电单位中的包含下级。

派单时，选择人员界面，如果不选直接点击发送，默认有当前人员签收处理该线上工单。

## 二、变更用电业务处理

### （一）业务一：移表

移表是指客户因修缮房屋、配电房移位或其他原因需要移动用电计量设备安装位置，而不改变用电地址、用电容量、用电类别、供电点等信息的变更用电业务。

1.线下业务办理流程（如图4-72所示）

高压：业务受理→上门服务→竣工报验→竣工验收→现场移表→送电。

低压：业务受理→上门服务→装表送电。

2.申请所需资料

用户申请该业务通常需要提供用电主体资格证明、用电地址权属证明。对租赁户申请移表的，需房产产权人盖章同意移表（个人客户，需提供房屋产权证及产权人身份证）。

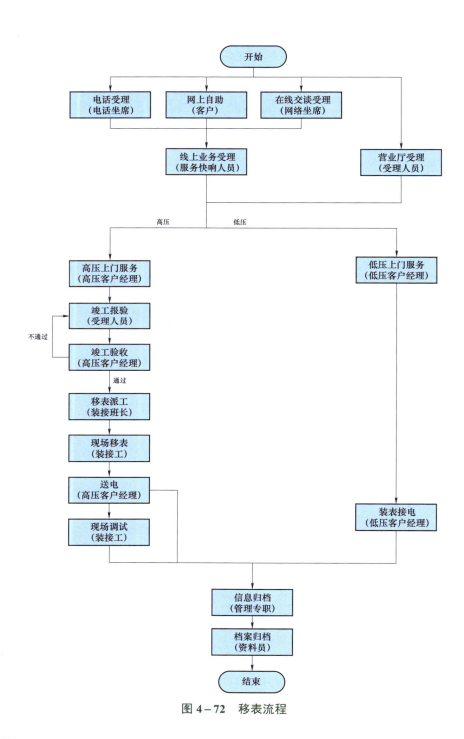

图 4-72 移表流程

**（二）业务二：销户**

销户是指因电力客户拆迁、停产、破产等原因停止用电或连续六个月不用电、供用电合同到期，终止供用电关系的业务。包括政府整体拆迁工程的实施或者自然灾害造成的房屋倒塌等需批量销户的业务。

1. 业务办理流程

线上业务受理→高（低）压上门服务→清算→归档。

2. 申请所需资料

（1）个人房屋产权客户申请销户材料：

1）房屋产权证原件和复印件（房产证内含有房产平面图），如无法提供房屋产权证时：可提供建房许可证原件和复印件、房管公房租赁证原件和复印件、房产买卖契约原件和复印件（含全额付清的购房发票）等，拆迁户提供拆迁协议或政府拆迁主管单位出具的书面材料；

2）产权人身份证明原件和复印件；

3）电费交费卡，如无法提供电费交费卡时：可提供电费发票或电表表号；

4）个人客户办理销户时，需客户本人亲自办理。如确因客户本人无法前来办理的，可委托他人办理。办理时必须提供房产证原件、户主本人身份证原件、被委托人身份证原件及客户本人的书面委托证明。

（2）单位房屋产权客户申请销户材料：

1）房屋产权证原件和复印件（房产证内含有房产平面图），拆迁户提供拆迁协议或政府拆迁主管单位出具的书面材料；

2）提供经办人身份证原件和复印件；

3）电费交费卡，如无法提供电费交费卡时：可提供电费发票或电表表号。

（3）批量申请销户材料：由拆迁办或单位统一申请。

1）拆迁许可证原件和复印件；

2）经办人身份证原件和复印件；

3）拆表清单；

4）拆迁协议且拆迁补偿款到位证明材料原件和复印件。

注：① 对于房屋纠纷的销户申请，不予受理。② 单位房屋产权客户申请销户需在申请单上加盖与系统户名一致的单位公章。③ 批量申请销户需在销户申请表上需加盖公章。④ 拆表清单含总户号、地址、表号，要求准确并一一对应。⑤ 房产证内含有房产平面图、土地使用证内含有土地宗地图，因各区县政府部门提供的房产证内的房产平面图及土地使用证内的土地宗地图名

称不统一，请以客户实际证件名称为准。

3. 其他注意事项

（1）客户应在销户前与供电企业结清电费（含电费违约金）和其他业务费用。

（2）如因客户原因使供电企业未能实施拆表销户，销户业务暂缓实施，待现场具备条件可实施后再行销户。

（3）供电企业根据申请办理拆表销户，由此引发的纠纷由销户申请人承担。

（4）如现场计量装置等供电设施失窃或损坏，须交清赔表费等相应费用后办理销户。

（5）业务办理以营销系统流程为准，因为涉及客户电费是否结清问题，只有客户在电费结清的情况下才能予以办理。

（6）临时用电客户销户后，用户在约定期限内拆除临时用电设施的，全额退还临时接电费；超过约定期限的，按合同约定扣除临时接电费，预交费用抵扣完为止。

4. 营销 2.0 系统操作

用户销户营业厅受理操作如图 4-73 所示。

（1）点击业扩接入/变更用电/销户/营业厅受理进入业务受理界面。在销户用户查询栏中选择【用户分类】，然后输入客户名称、客户编号、用户名称等信息进行查询，查询后选中列表中的数据，点击【确定】按钮进入销户用户列表界面。

（2）营销 2.0 系统可以对单独用户进行销户，也可以进行批量销户，批量销户的用户类型必须一致。如执行批量销户需在营业厅受理界面，点击【模板下载】下载一个"批量销户导入模板、xlsx"文件，打开文件按照格式输入正确数据后保存文件，点击【导入】弹出图 4-74 弹窗，点击【点击上传】弹出文件选择框，选择文件后点击【导入】按钮导入文件中的数据到列表中。

（3）进入销户用户列表界面，点击操作按钮的【明细】按钮进入 360 用电视图界面，点击【删除】按钮删除列表中的用户，如果需要批量销户则点击【销户用户查询】查询对应的用户点击【确认】用户进入销户用户列表中，批量销户的用户类型必须一致，填写完申请信息后点击【确定】按钮生成工单编号。如图 4-74 所示。

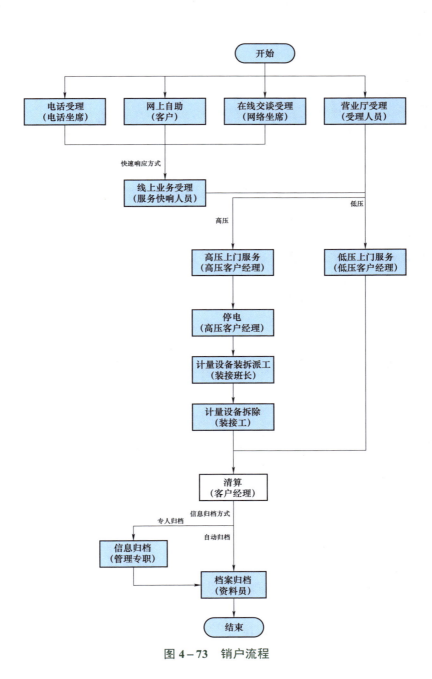

图 4-73 销户流程

图 4-74 保存申请信息

（4）点击退费方式，根据实际情况选择退费方式，填写相关信息，完成后点击左上角【用电收资】进入用电收资页面点击【收集】弹出文件上传窗口，点击【附件上传】上传本地文件，也可拍照/扫描、政务平台、历史档案库共享上传资料。完成资料上传后点击【保存】按钮保存收集的资料，点击【打印移交单】打印资料移交清单。完成后点击【发送】按钮弹出图 4-74 弹窗，点击【确定】按钮完成工单下发。

### （三）业务三：暂拆

1. 业务办理流程

线上业务受理→高（低）压上门服务→清算→归档。

2. 申请所需资料

用电人因房屋修缮需要暂时停止用电并拆表的，应持有关房屋修缮的证明向供电企业提出申请。并提供以下材料：

（1）个人户名申请暂拆材料：

1）房屋产权证原件和复印件（房产证内含有房产平面图），如无法提供房屋产权证时：可提供房产买卖契约（含全额付清的购房发票）、建房许可证或至政府住房与建设主管单位（如住建、规划、建设、城管、村镇建设等部门）确认为用电地址的建筑"非违章建筑"；

2）房屋产权证上所有共有产权人身份证明原件和复印件；

3）电费交费卡，如无法提供电费交费卡时：可提供近期电费发票或电表表号。

（2）非个人户名申请暂拆材料：

1）房屋产权证原件和复印件（房产证内含有房产平面图），如无法提供房屋产权证时：可提供房产买卖契约（含全额付清的购房发票）、建房许可证、或至政府住房与建设主管单位（如住建、规划、建设、城管、村镇建设等部门）确认为用电地址的建筑"非违章建筑"；

2）客户用电主体资格证明原件和复印件；

3）提供经办人身份证原件和复印件；

4）电费缴费卡，如无法提供电费缴费卡时：可提供近期电费发票或电表表号。

3. 其他注意事项

（1）办理好暂拆后，供电企业应在 5 天内执行暂拆，暂拆最长不得超过 6 个月，在 6 个月内要求复装接电时，须向供电企业办理复装接电手续并按规定交付费用，供电企业在 5 天内复装接电；如超过 6 个月不申请恢复按销户处理，重新申请用电按新装办理。

（2）经低压用电检查人员现场核实发现，客户家中仍有人居住并居住人表示正常用电，应请现场居住人书写说明材料并签名，因客户间纠纷引起的暂拆业务，供电企业不予以受理，终止客户的暂拆申请。

（3）根据客户上月或同期电费交纳情况，请客户预交电费，用于结算待拆电表表底剩余电费，多退少补。

（4）业务办理以营销系统流程为准，因为涉及客户电费是否结清问题，只有客户在电费结清的情况下才能予以办理。

## （四）业务四：更名、过户

更名是指在用电容量、用电类别、用电地址不变条件下，仅由于客户名称的改变，不牵涉产权关系变更，完成客户档案中客户名称和供用电合同变更的业务。

过户是指在用电地址、用电容量、用电类别不变条件下，由于客户产权关系的变更，依法与新客户签订供用电合同，注销原客户供用电合同，同时完成新客户档案建立及原客户档案注销的业务。对于低压客户需支持批量过户。目前已实现过户＋改类，过户＋增容等业务联办。

1. 业务办理流程

业务受理→合同签订→归档。

2. 申请所需资料

（1）居民更名。

1）户籍注册姓名变更的记录（例如产权人已过世，公安部门出具的产权人过世的死亡证明；经居委会或村委会鉴证的家属同意户名变更到申请人的书面材料）；

2）产权人及经办人身份证原件和复印件，如无法提供产权人身份证时：可提供公房租赁人身份证、军官证、护照等有效身份证明；

3）电费交费卡，如无法提供电费交费卡时：可提供近期电费发票或电表表号。

居民客户的用电户名应与房屋产权证户名一致。对住宅类建筑对外出租的，不予变更户名到租赁户。执行居民电价的，但产权人过户为单位，需办理居民更名、过户手续，办理时需携带居民更名、过户材料及用电主体资格证明材料。

（2）非居民更名。非居民办理更名业务需提供工商部门出具的变更单位名称核准证明和用电主体资格证明材料原件和复印件。如单位用户要求更名为自然人，需办理非居民过户手续，办理时需携带非居民过户材料。

（3）居民过户。

1）房屋产权证原件和复印件，如无法提供房屋产权证时：可提供房产买卖契约（含全额付清的购房发票）、建房许可证、或至政府住房与建设主管单位（如住建、规划、建设、城管、村镇建设等部门）确认为用电地址的建筑"非违章建筑"；

2）产权人及经办人身份证原件和复印件，如无法提供产权人身份证时：可提供公房租赁人身份证、军官证、护照等有效身份证明；

3）电费交费卡，如无法提供电费交费卡时：可提供近期电费发票或电表表号。

如不是户主本人亲自来办理业务，还需要提供经办人身份证和户本人出具的委托书。如原户主已经过世无法提供原户主身份证件的，可提供原户主死亡证明或户籍注销证明，其他原因无法提供原户主身份证件的，需填写相关承诺书。如客户不申请进行年度阶梯电价清算，需要填写相关承诺书。

（4）非居民过户。

1）房屋产权证原件和复印件，如无法提供房屋产权证时：可提供房产买卖契约（含全额付清的购房发票）、建房许可证、或至政府住房与建设主管单位（如住建、规划、建设、城管、村镇建设等部门）确认为用电地址的建筑"非违章建筑"；

2）房屋产权人身份证原件和复印件，如无法提供产权人身份证时：可提供公房租赁人身份证、军官证、护照等有效身份证明；

3）用电人主体资格证明材料（如营业执照或事业单位登记证、社团登记证等）原件和复印件；

4）用电范围图；

5）租赁合同及承租人、出租人使用电力责任担保书（租赁房屋项目）；

6）户名变更的证明材料（如物业托管协议、资产转换的相关证明材料、法院的协助执行通知书等）原件和复印件；

7）电费交费卡，如无法提供电费交费卡时：可提供近期电费发票或电表表号。

3．其他注意事项

（1）在用电地址、用电容量、用电类别不变条件下，客户方可办理更名或过户。

（2）更名过户时，需结清供电公司抄表周期内产生的电费，最后抄表日至客户过户期间电量电费，由新老客户协商或由新户主选择进行"年度清算"，清算出的电费由新老户主协商缴费，结清费用后系统方可完成过户（供电企业帮助客户查询是否欠费是参照系统抄表日前产生电费结算截止状态，非客户认为的过户当日表底电量结清）。

（3）对同一供电点、同一用电地址的相邻两个及以上用电客户，其中任一客户办理更名过户，应核对更名过户后的名称是否与其他相邻客户相同。对名称相同且经核实用电主体相同的客户，应办理并户或增容业务。

（4）变更用电业务以营销系统流程为准，因为涉及客户电费是否结清问题，只有客户在电费结清的情况下才能予以办理。

（5）查看客户是否由卡扣关系未取消、是否开通分时、是否已实施停电、是否有预存款，告知客户进行相应处理。

4．营销2.0系统操作

（1）更名业务。营销2.0系统中客户与用户名称保持一致，用户名称跟随客户名称变化。营销2.0系统中更名变更的是客户名称，营销1.0系统中变更的是用户名称。客户可以为个人或组织，一个人/组织客户可对应多个用电户，且名称与客户类别必须保持一致，当个人/组织客户发起更名流程后，如关联多个用电户，其用电户名称同时变更。营销1.0系统更名变更的是用电户名称，是1对1的用户，不关联多个用户。

（2）过户业务。在营销1.0系统中，过户后旧用电户相当于销户，新用电户的户号不会发生改变，继续沿用旧用电户的户号；营销2.0系统标设根据SAP

统一客户模型设计理念，新用电户生成新的用户编号，且可以选择过户到其他客户下或者自动生成新的客户编号，有助于维护客户隐私，创建统一的客户画像，对过去前后不同客户的用电户行为进行有效的区分。

营销 2.0 系统中的过户不支持更改电价类别，如果是两部制电价客户，也不支持基本电价计费方式变更。过户流程完成后，可以通过改类流程完成用电类别的更改。如果旧用户、新用户都执行两部制电价，但是基本电价计费方式不同，这种情况在过户流程完成后，走基本电价计费方式变更完成更改。

针对市场化交易用户办理过户，营销 2.0 系统将分别在业务受理和档案归档环节结束时自动将业务类型、环节名称、环节处理时间、用电户号推送至电力交易平台。特抄后，触发生成的业扩算费工单，可保留至次月进行统一结算，过户产生的新用电户将转为代理购电；在信息归档环节，取消当前过户工单触发的量费计划结算后，可正常归档。其中，针对市场化交易零售用户，除以上流程外，在受理环节"用电收资"界面添加《市场化交易零售用户与售电公司过户确认书》，并且为必收资项。在档案归档环节，同步将零售用户过户确认书发送至电力交易平台。

过户业务的系统流程见图 4-75。

批量过户操作的流程见图 4-76～图 4-78。

1）登录系统，点击业扩接入/变更用电/过户/营业厅受理。点击【批量过户按钮】。

2）点击【导入模板下载】按钮，下载批量过户导入模板。

3）批量过户导入模板 Excel 文件中录入需要过户的用电户数据，然后点击【批量导入】按钮，上传附件，然后点击【导入】按钮。（本次的导入表格中要填写全部信息）。

4）选中需过户的数据，点击【保存】按钮，保存过户列表信息。保存成功后会生成新用电户编号。

若选择"多对多"过户，则选中一个客户信息后点击【自动匹配客户】，匹配成功后会根据导入的表格自动生成客户信息，并生成工单号。选择用户依次点击【自动匹配客户】，完成所有新客户建立。若匹配失败可手动填写客户信息。

批量过户默认为不清算，若存在余额，余额默认结转至新户。生成工单中是否需现场勘查默认为"否"，可手动修改勘查标志。

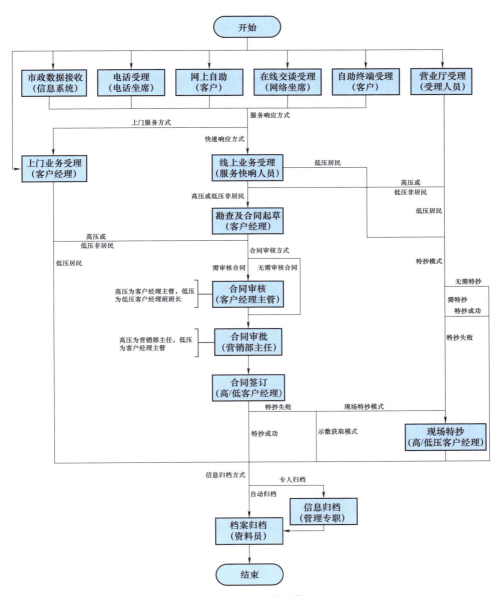

图 4-75 过户流程

207

图 4-76　批量生产 1

图 4-77　批量生产 2

图 4-78　批量生产 3

5）在用电收资页面进行资料收集，收集完成后点击【保存】按钮。确认工单无问题后可发送工单。

### （五）业务五：减容

减容是指高压客户由于生产经营情况发生变化，为了减少基本电费的支出，提出减少供用电合同约定用电容量且最终电压等级仍在 10（6）kV 及以上的用电需求时，本供电企业所开展的变更用电业务。减容分为永久性减容和非永久性减容（暂停）。

1. 业务办理流程

线上业务受理→上门服务→供电方案答复→设备封停→现场特抄→归档。

2. 申请所需资料

（1）法人代表、经办人身份证原件和复印件。

（2）电费交费卡或最近一期电费发票复印件。

（3）用电主体资格证明材料原件和复印件，如客户已办理三证合一，可提供三证合一后的新证原件和复印件。

（4）房屋产权证明原件和复印件，如无法提供房产证时：可提供建房许可证、房管公房租赁证、房产买卖契约（含全额付清的购房发票）等。或至政府住房与建设主管单位（如住建、规划、建设、城管、村镇建设等部门）确认为用电地址的建筑"非违章建筑"。

（5）业务办理委托书原件和复印件。

申请表上需加盖与系统户名一致的单位公章。

3. 其他注意事项

（1）客户办理减容，须提前五个工作日前向供电企业提出申请。

（2）要区分永久性减容和非永久性减容。非永久性减容期限不得超过两年。非永久性减容两年内恢复的，按减容恢复办理，超过两年恢复的按新装或增容手续办理。

4. 营销 2.0 系统操作

减容的业务受理操作如图 4－79 所示。

（1）登录系统，点击进入业扩接入/变更用电/减容。点击营业厅受理进入功能界面。

（2）点击【客户编号】后边的输入框，进入用电户选择界面。

（3）根据供电单位，查询条件信息，点击【查询】按钮，查询符合查询条件的用电户。

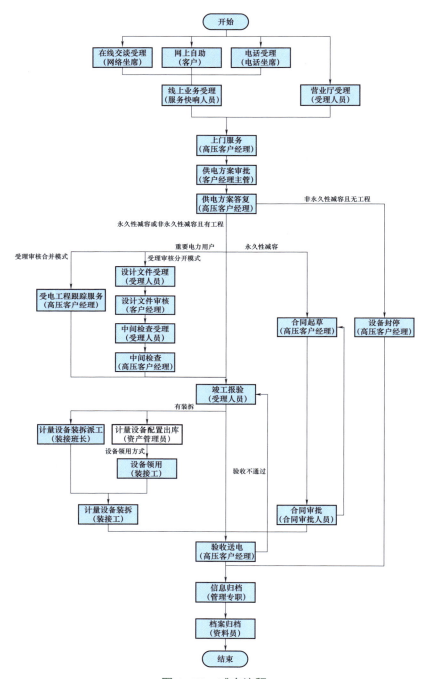

图 4-79　减容流程

（4）选中用电户后，点击确定按钮，该用电户基本信息会同步到业务受理页面，可继续完善证件信息、联系人信息、期望上门服务时间、申请减容容量、计划减容恢复日期、是否为永久性减容、增加经办人信息等。如图4-80所示。

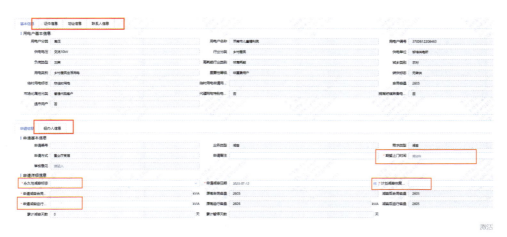

图4-80　基础信息

（5）点击【查看全部客户角色】按钮，进入角色选择页面，可以逐条选择多个用电户。如图4-81所示。

图4-81　客户角色信息

（6）选择一条客户角色信息，点击【确认】按钮，会把选择的客户角色信息带到业务受理页面，如图4-82所示。

（7）完善信息后，点击【保存】数据保存成功后，系统自动生成申请编号（即工单编号）。若想修改业务受理信息，可在该页签直接修改，如图4-83所示。

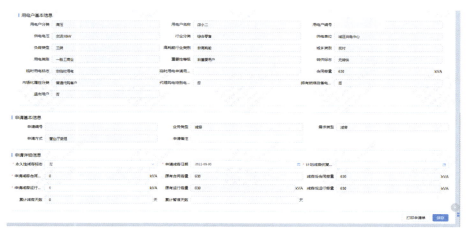

图 4-82　用电户信息

图 4-83　保存数据

（8）点击【用电收资】按钮，进行客户资料收集，必填项以红色*号标注，点击保存后业务营业厅受理环节完成。

（9）点击【发送】按钮，提示发送成功，可令工单直接发送到下一环节【方案拟定】。

**（六）业务六：分户**

分户是指为供电企业为同一用电地址的 1 户用户分成 2 户及以上用户提供报装服务的统称。在用电地址、供电点、用电容量不变，且其受电装置具备分装的条件时，原用户与供电企业结清债务的情况下，允许办理分户；原用户的用电容量由分户者自行协商分割，需要增容者，分户后另行向供电企业办理增容手续；分户引起的工程费用由分户者负担；分户后受电装置应经供电企业检验合格，由供电企业分别装表计费。

1. **业务办理流程**

业务受理→上门服务→供电方案审批→供电方案答复→客户自行选择设

计单位进行受电工程设计→设计文件报审→设计文件审查→中间文件报验→中间检查→竣工报验→现场验收→签订合同→送电→信息归档→档案归档。

2. 申请所需资料

办理分户需提供双方的独立产权证明。办理分户的材料参考新装办理的材料。

3. 其他注意事项

（1）在用电地址、供电点、用电容量不变，且其受电装置具备分装的条件时，允许办理分户。

（2）在原用户与供电企业结清债务的情况下，再办理分户手续。

（3）分立后的新用户应与供电企业重新建立供用电关系。

（4）用户的用电容量由分户者自行协商分割，需要增容者，分户后另行向供电企业办理增容手续。

（5）分户引起的工程费用由分户者承担。

（6）分户后受电装置应经供电企业检验合格，由供电企业分别装表计费。

（7）业务办理以营销系统流程为准，因为涉及客户电费是否结清问题，只有客户在电费结清的情况下才能予以办理。

4. 营销 2.0 系统操作

### （七）业务七：并户

并户是指供电企业为同一供电点、同一用电地址的相邻两个及以上用户办理合同用户的统称。

1. 业务办理流程

业务受理→上门服务→供电方案审批→供电方案答复→客户自行选择设计单位进行受电工程设计→设计文件报审→设计文件审查→中间文件报验→中间检查→竣工报验→现场验收→签订合同→送电→信息归档→档案归档。

2. 申请所需资料

办理并户的材料参考新装办理的材料。

3. 其他注意事项

（1）在同一供电点，同一用电地址的相邻两个及以上用户允许办理并户。

（2）原用户应在并户前向供电企业结清债务。

（3）新用户用电容量不得超过并网前各户容量之总和。

（4）并户引起的工程费用由并户者承担。

（5）并户的受电装置应经检验合格，由供电企业重新装表计费。

（6）业务办理以营销系统流程为准，因为涉及客户电费是否结清问题，只有客户在电费结清的情况下才能予以办理。

## 4. 营销 2.0 系统操作（如图 4-84 所示）

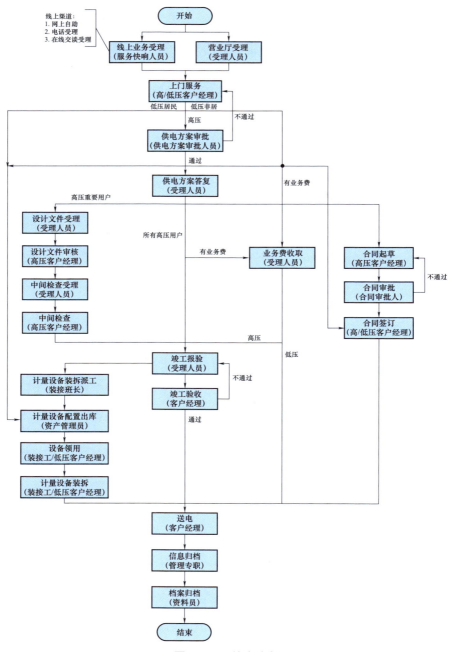

**图 4-84 并户流程**

并户业务受理操作：

（1）登录系统，点击业扩接入/变更用电/并户/营业厅受理，进入业务受理 Tab 页。

（2）点击新建主户，进入客户查询页。

（3）填写客户编号、客户名称、用电户编号、用电户名称、供电单位、证件类型、证件号码、用电地址，选填一个或多个，点击【查询】。

（4）选择一条客户点击【确定】，把客户的基本信息带入主页面中。如图 4-85 所示。

图 4-85　客户信息带入

（5）在客户角色信息中点击用电户选择用电户的信息，把用电户信息带入主页面。如图 4-86 所示。

图 4-86　客户信息

（6）点击新建"并入户"，进入客户查询页。如图 4-87 所示。

图 4-87　客户查询页

（7）填写客户编号、客户名称、用电户编号、用电户名称、供电单位、证件类型、证件号码、用电地址，选填一个或多个，点击【查询】。如图 4-88 所示。

图 4-88　查询结果

（8）选择一条客户点击【确定】，把客户的基本信息带入主页面中。如图 4-89 所示。

图 4-89　客户信息带入

（9）在客户角色信息中点击用电户选择用电户的信息，把用电户信息带入主页面。如图 4-90 所示。

图 4-90　用电户信息

（10）依次填写必要信息，点击保存，提示保存成功，如图 4-91 所示。

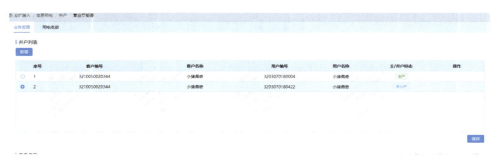

图 4-91　保存成功

点击用电收资页面，依次收集上传。

（11）点击收集，弹出档案采集并上传附件，如图 4-92、图 4-93 所示。

图 4-92　档案采集

图 4-93　上传附件

（12）点击【发送】，页面提示发送成功，到下一环节。

### （八）业务八：改类

改类是指同一受电装置内，电力用途发生变化而引起用电电价类别的改变时，向供电企业提出申请，本供电企业所开展的变更用电业务。

1. 业务办理流程

线上业务受理→上门服务→合同签订及示数获取→归档。

2. 申请所需资料

（1）实名制居民客户申请改类材料（如开通分时或取消分时等）：

1）与营销系统一致的用电户名身份证及经办人身份证原件和复印件；

2）电费交费卡，如无法提供电费交费卡时：可提供近期电费发票或电表表号。

（2）非实名制居民客户申请改类材料（如开通分时或取消分时等）：

1）若房产属于单位，请提供产权证明原件和复印件及使用该房屋的相关证明材料原件和复印件（房产证内含有房产平面图）、居住人身份证明原件和复印件（或户口本、军官证等）、经办人身份证明原件和复印件、电费交费卡（或电费单或电表表号），如无法提供房屋产权证时：可提供房产买卖契约原件和复印件（含全额付清的购房发票）、建房许可证原件和复印件、或至政府住房与建设主管单位（如住建、规划、建设、城管、村镇建设等部门）确认为用电地址的建筑"非违章建筑"。

2）其他非实名制的居民客户，应先持房屋产权证原件和复印件，产权人身份证原件和复印件，办理变更户名手续后，可开通或取消分时。如无法提供房屋产权证时：可提供房产买卖契约原件和复印件（含全额付清的购房发票）、建房许可证原件和复印件、或至政府住房与建设主管单位（如住建、规划、建设、城管、村镇建设等部门）确认为用电地址的建筑"非违章建筑"。

（3）非居民客户申请改类材料（如改电价等）：

1）用电主体资格证明原件和复印件；

2）经办人身份证复印件原件和复印件；

3）电费交费卡，如无法提供电费交费卡时：可提近期电费发票或电表表号。

居委会、农村社区等客户需要改成"居民电价"的，须提供居委会、农村社区成立的文件材料，并经上级主管单位确认为居委会、农村社区用电场所的清单。

房产证内含有房产平面图、土地使用证内含有土地宗地图，因各区县政府部门提供的房产证内的房产平面图及土地使用证内的土地宗地图名称不统一，请以客户实际证件名称为准。

3. 其他注意事项

业务办理以营销系统流程为准，因为涉及客户电费是否结清问题，只有客户在电费结清的情况下才能予以办理。

4. 营销 2.0 系统操作（如图 4-94 所示）

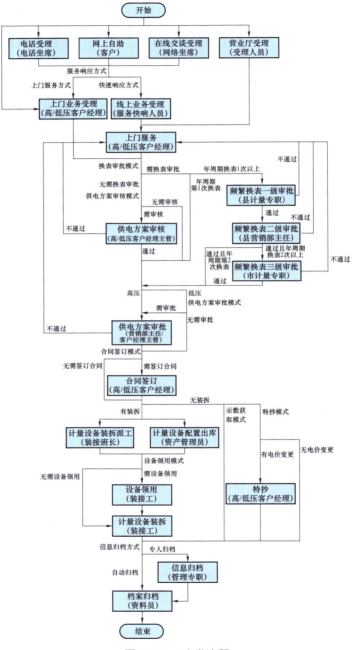

图 4-94 改类流程

### （九）业务九：改压

改压是指在原址原容量不变的情况下，高压客户需要改变供电电压等级，向供电企业提出申请，本供电企业所开展的业务。

1. 业务办理流程

业务受理→现场勘察→供电方案拟定→送电→归档。

2. 申请所需资料

（1）居民客户申请改压材料（容量不变，单相改三相）：同居民增容，具体详见"居民新装、增容"。

（2）非居民客户申请改压材料：

1）用电主体资格证明材料原件和复印件；

2）房屋产权证明原件和复印件（房产证内含有房产平面图）；

3）经办人身份证原件和复印件；

4）电费交费卡，如无法提供电费缴费卡时：可提近期电费发票或电表表号。

单位书面申请材料需加盖与系统内户名一致的公章。房产证内含有房产平面图、土地使用证内含有土地宗地图，因各区县政府部门提供的房产证内的房产平面图及土地使用证内的土地宗地图名称不统一，请以客户实际证件名称为准。

3. 其他注意事项

（1）改压用户容量超过原有容量者，超过部分按增容手续办理；改压用户容量小于原有容量者，减少部分按永久性减容手续办理。应收取两级电压高可靠性供电费标准差额的高可靠性供电费用（客户申请多电源时收取）。

（2）由于供电企业的原因引起用户供电电压等级变化的，改压引起的用户外部工程费用由供电企业负担。

（3）业务办理以营销系统流程为准，因为涉及客户电费是否结清问题，只有客户在电费结清的情况下才能予。

4. 营销 2.0 系统操作（如图 4-95 所示）

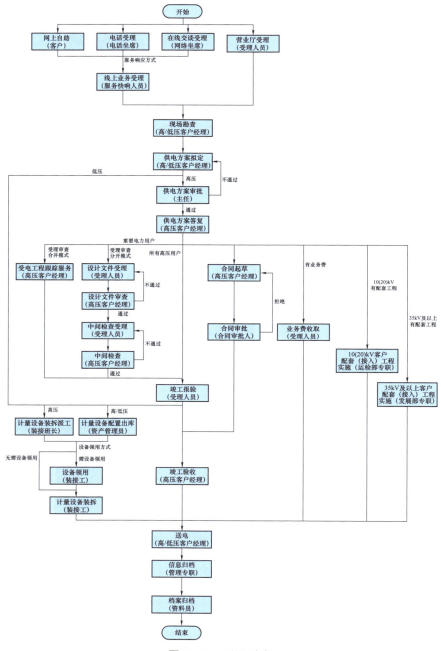

图 4-95  改压流程

## 三、电量电费业务处理

### （一）业务一：客户电量电费查询

客户电量电费查询适用于核算员通过查询用户电量电费详单，及时了解客户用电情况，辅助提高客户服务质量的需求。支撑客户用电情况的查询。

操作说明：

（1）登录系统，点击计费结算/量费核算/客户电量电费查询，如图4－96所示。

（2）选择供电单位、用户编号、核算包编号、核算责任人、电费年月、集约化标志，点击【查询】按钮，可查询该类型的客户电量电费，如图4－97所示。

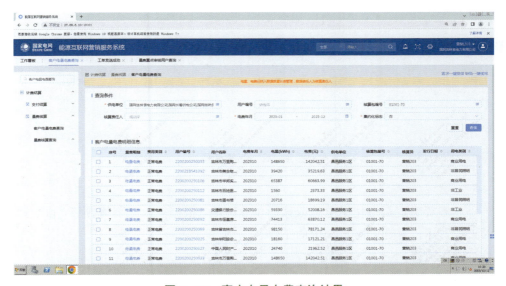

**图4－96　客户电量电费查询结果**

（3）选择一条量费明细，点击电量电费，可查看客户详细量费信息，如图4－97所示。

### （二）业务二：业务费收取

业务费收取是指客户经理使用网上国网终端，收取高可靠性费用等相关费用的工作。业务费可分次收取。

图4-97　客户详细量费信息

1. 业务流程（如图4-98所示）

图4-98　业务流程

2. 业务费确定

业务费确定是指使用电脑或移动作业终端，根据接入工程概预算，确定接入工程费用，并通知客户交费的工作。

操作流程：

1）登录系统，点选"其他业务/业务费收取/业务费确定"，打开业务费确定界面，如图4-99所示。

2）点击【关联工单编号】选择相应的业务类型，点击查询，选择客户角色信息确定，如图4-100所示。

3）根据实际情况补收业务费信息。点击右下角【新增】按钮，如图4-101所示。确认应收业务费页面通过查询费用类别，填写容量/数量来确定业务费，点击【保存】按钮，如图4-102、图4-103所示。

图 4-99 业务费确定界面

图 4-100 关联工单信息查询

图 4-101 新增补收业务费信息

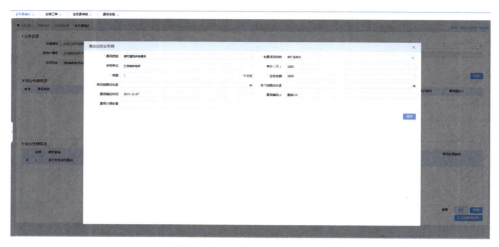

图 4－102　确认应收业务费

图 4－103　选择费用类别

点击页面右下角【发送】按钮，即可发送工单进入下一个业务费审核流程。

3．业务费审核

业务费审核是指对提交的业务费用进行审批，签署审批意见的工作。

业务费审核操作说明：

（1）登录系统，点选"工单管理/待办工单"打开窗口，填入流程名称、环节名称等信息，点击【查询】按钮，输入工单编号即可查业务费审核的工单，如图 4－104 所示。

图 4-104 待办工单界面

（2）根据实际情况选择通过和不通过，如图 4-105 所示。

图 4-105 业务费审核

（3）输入审批意见，如图 4-106 所示。

图 4-106 审批意见

（4）确定后，即可发送工单进入下一个业务费收取流程。

4. 业务费收取

业务费收取是指客户经理使用网上国网终端，收取高可靠性费用等相关费用的工作，业务费可分次收取。

操作流程：

（1）登录系统，点选"工单管理/待办工单"打开窗口，填入流程名称、环节名称等信息，单击【查询】按钮，输入工单编号即可查业务费收取的工单，如图4-107所示。

**图4-107　业务费收取**

（2）点击补收业务费信息，可查看交费信息，如图4-108所示。

**图4-108　缴费信息**

营销 2.0 系统业扩工单流程中无法直接完成高低压新装等业务流程中确定的高可靠性供电费等各种业务费用的收取，业务费收取环节仅展示收取结清情况，业务费收取全部通过"电力网点交费"功能实现，通过输入工单编号，查看需收取的业务费，收取完毕后回到业务费收取环节，此时结清标志会变为全部结清，可正常下发。客户备用供电容量发生变更引起业务费变化的，可以结合工单调度的功能更正业务费收取额度。

5. 票务功能

电费发票业务可在营销 2.0 在"营业厅票据服务"功能完成操作。

（1）分割打印。主要是按照用户需求，包括同一电价码或者不同电价码进行分割开票。

（2）合并打印。营销 2.0 支持用户单户多月、跨户与关联户发票合并打印，工作人员可以根据客户需求选择合并打印一张发票或多张发票。合并打印可以手动修改发票抬头。

营销 2.0 的电费和违约金只能分开开票。对于有违约金的用户，支持发票打印，在完成当月电费发票打印的前提下才能进行违约金发票补开。

2.0 系统的营业厅票据服务开票可以变更发票抬头信息，若租赁期很短或临时需开具与户主名称不一致的发票，可通过变更发票抬头信息实现开具。如客户为长期租户，在租赁期需留存租户票据信息，则需要先在系统的分割信息维护功能录入租户票据信息，选择"定比"分割方式，分割量输入 100%；其次在营业厅票据服务中选择分割开票方式进行发票开具和打印。

## 四、计量业务处理

### （一）业务一：申请校验

申请校验是指客户认为供电企业的计费电能表不准时，向供电企业提出校验计费电能表要求的业务。

1. 业务流程（如图 4-109 所示）

2. 业务受理处理

（1）登录系统，点击"业扩接入/其他业务/申请校验/营业厅受理"。如图 4-110 所示。

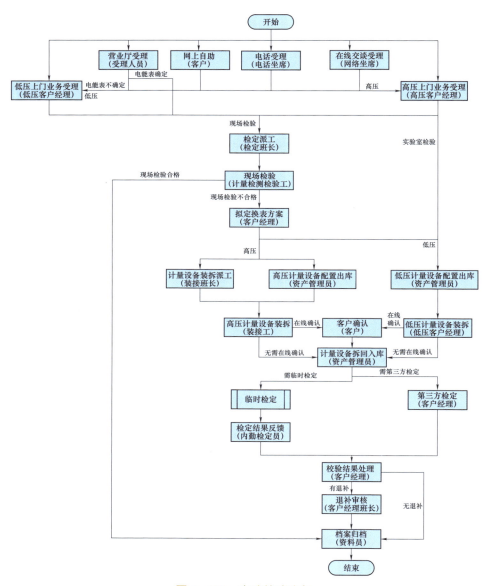

图 4-109　申请校验流程

图 4–110　默认界面

（2）点击客户编号输入框右侧的【☰】按钮，打开客户查询弹框。如图 4–111 所示。

图 4–111　客户查询界面

（3）选择供电单位、证件类型、用电地址，输入客户编号、客户名称、用电户编号、用电户名称、证件号码，点击【查询】，弹框显示符合条件的客户信息。如图 4–112 所示。

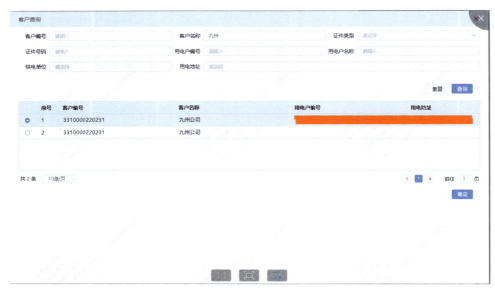

图 4-112　客户信息查询结果

（4）选择一条客户信息，点击【确定】，关闭当前窗口，将数据返回到主界面中。如图 4-113 所示。

图 4-113　选择客户

（5）选中一个客户角色信息，在下面会基本信息 Tab 页面的用电户基本信息中会显示此角色的具体信息。如图 4－114 所示。

图 4－114　用电户基本信息

（6）选择校验方式，录入申请原因、申请备注，单击【保存】按钮，页面提示保存成功。如图 4－115 所示。

图 4－115　保存结果

（7）单击【打印申请单】按钮，浏览器打开一个页面显示打印的信息。如图 4－116 所示。

（8）点击确定校验电能表，页面跳转确定校验电能表 Tab 页面。如图 4－117 所示。

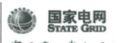

国家电网 STATE GRID 你用电·我用心 Your Power Our Care

# 电能表、互感器校验申请表

95598 12398

| 客户基本信息 | | | |
|---|---|---|---|
| 户名 | | 户号 | |
| 用电地址 | | | |
| **经办人信息** | | | |
| 经办人 | | 身份证号 | |
| 固定电话 | | 移动电话 | |
| **业务选项** | | | |
| 业务类型 | ○ 现场校验 ○ 非现场校验 | | |
| 故障情况描述： | | | |
| 特别说明：<br>本人特此声明以上所提供的资料完全属实<br>客户签名（单位盖章）：<br>年 月 日 | | | |
| 供电企业填写 | 受理人： | 流程编号： | |
| | 受理日期： 年 月 日 | 供电企业（盖章）： | |
| 告知事项 | 贵户申请校验累计办理超过三次且不属于电网企业责任的需交付校验费，校验后如表计误差超过国家标准，校验费将退还贵户。 | | |

图 4－116 打印结果

图 4－117　确定校验电能表

（9）在用电收资信息列表中，点击【收集】按钮，上传附件，点击【选中】按钮，提示保存成功。如图 4－118 所示。

（10）点击【发送】按钮，页面提示工单发送成功。

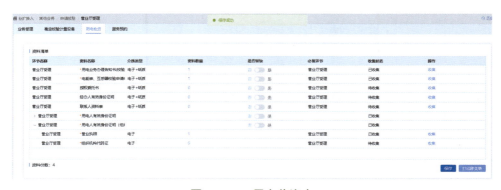

图 4－118　用电收资表

### （二）业务二：计量设备故障处理

计量设备故障处理是指高/低压客户经理主动发现或接到用电客户关于计量设备故障的信息后，记录客户信息或用电地址，安排相关人员现场勘查，查找故障原因、排除故障，并及时恢复装表接电、确定退补电量的业务。

## 1. 业务流程（如图 4-119 所示）

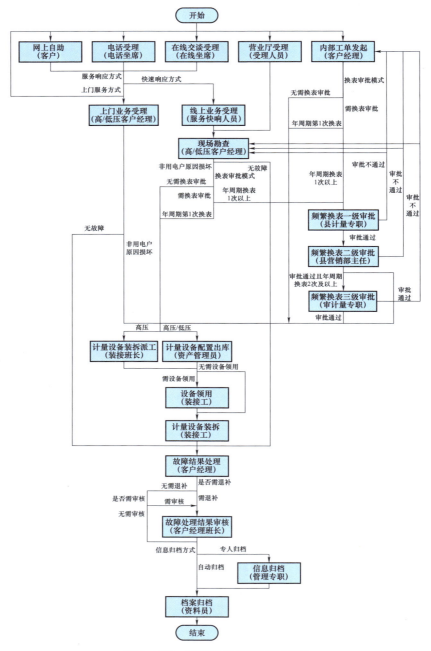

图 4-119　计量设备故障处理流程

2．业务受理操作

（1）登录系统，点选"业扩接入/其他业务/计量设备故障处理/营业厅受理"，显示业务受理页面。

（2）点击【客户编号】按钮，进入用电户选择界面。

图 4-120　客户查询

（3）完善供电单位，查询条件信息，点击【查询】按钮，可查询符合查询条件的用电户，如图 4-120 和图 4-121 所示。

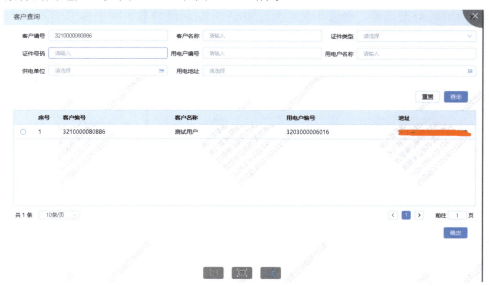

图 4-121　客户查询结果

（4）选择一户用电户后，该用电户基本信息会同步到业务受理页面，填写最下面的问题描述，点击保存按钮，即可生成工单编号，如图4-122所示。

图4-122　申请信息

（5）点击发送按钮，进入下一环节。

## 五、其他业务处理

### （一）业务一：居民峰谷电变更

居民峰谷电变更流程包括居民客户峰谷电价开通和取消两项功能。低压居民客户根据自身需求向供电企业提出变更申请，供电企业所开展的核实并完成峰谷分时电价开通或取消的变更用电业务。

1. 业务流程（如图4-123所示）

2. 业务受理操作

（1）登录系统，点选"业务接入/其他业务/居民峰谷电变更/营业厅受理"，打开营业厅受理界面。如图4-124所示。

（2）点击客户信息的客户编号【 ☰ 】按钮，客户查询输入客户编号、客户名称、证件类型等信息，点击【查询】，选择数据信息并点击【确定】按钮。如图4-125所示。

（3）选择用电户，带出用电户上次办电的基本信息，确认期望上门时间及申请备注信息，业务类型及需求类型默认为居民峰谷电变更，然后点击【保存】按钮来保存峰谷电变更申请信息。如图4-126、图4-127所示。

（4）打开峰谷电变，进入峰谷电变更页面，选择用电户的计量点，然后确定是否执行峰谷电标志，点击【保存】，再点击【发送】按钮，提示发送成功。

### （二）业务二：增值税信息维护

增值税信息维护是指根据客户提供的增值税资料，对于需要开具增值税发票的用电客户进行增值税信息增改等维护的业务。

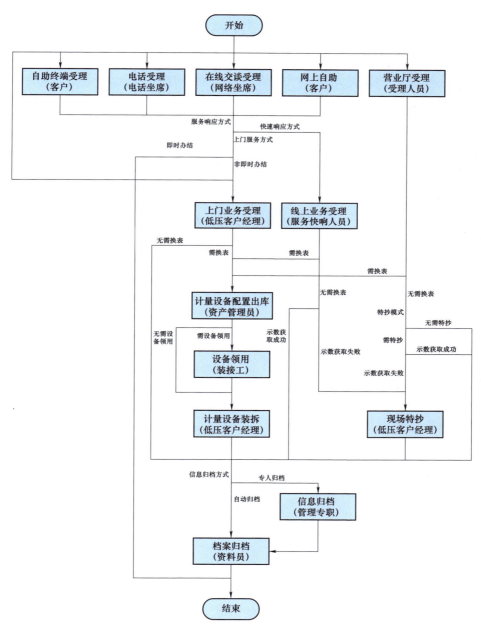

图 4-123　居民峰谷电变更流程

图 4-124 营业厅受理

图 4-125 客户查询

图 4-126 客户基本信息

图 4－127 客户角色信息

1. 业务流程（如图 4－128 所示）

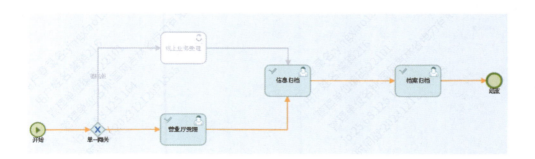

图 4－128 业务流程

2. 系统处理操作

（1）业务受理。

1）点击登录系统，进入业扩接入/其他业务/增值税信息维护/营业厅受理。

2）点击【客户查询】按钮，进入客户查询界面。

3）输入客户编号等检索条件，点击查询，可以查询到符合条件的客户。

4）选择一条客户信息，点击确定，可以把客户信息带入主界面。如图 4－129 所示。

图 4－129

5）填写申请备注，点击【保存】按钮，保存申请基本信息。如图 4－130 所示。

图 4－130

6）打开增值税信息维护界面，点击保存，可将信息保存至后台。如图 4－131 所示。

图 4－131

7）打开用电收资页签，上传材料信息，点击保存数据到后台。如图4-132所示。

图4-132

8）点击【发送】按钮，可以将流程推进到下一环节。

（2）信息归档。

1）点击登录系统，进入业扩接入/其他业务/增值税信息维护/信息归档。进入信息归档页面。选中通过，点击保存，可以对信息进行保存。如图4-133所示。

图4-133

2）单击【发送】按钮，页面提示工单发送成功。

（3）新档案归档。

1）登录系统，点击进入业扩接入/变更用电/减容恢复/档案归档（新），对客户档案信息进行存档操作。点击审查通过按钮，审查状态变更为已审查。如图4-134所示。

图 4-134

2）点击整理归档页签，将档案信息存放至档案盒。如图 4-135 所示。

图 4-135

3）点击归档按钮，将资料存入档案盒，该操作不可逆。如图 4-136 所示。

图 4-136

4）若没有档案盒，则点击新建档案盒进行新建。如图 4-137 所示。

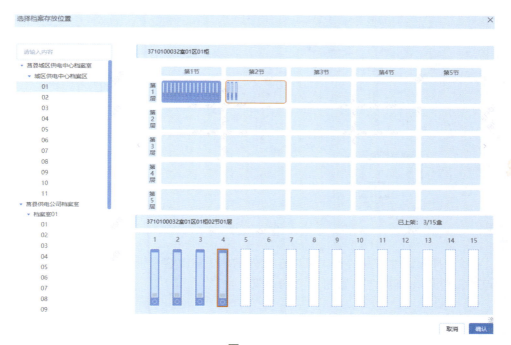

图 4-137

5）点击发送"按钮"完成流程归档。

## （三）业务三：客户基础信息维护

该业务可增删、修改客户证件信息、联系信息，增加地址信息。

（1）客户基础信息维护经核实后可以修改的内容主要包含：

1）基本信息类：用电地址、行业分类、生产班次等；

2）联系信息类：联系类型、联系人、移动电话、电子邮箱等；

3）证件类：证件类型、证件名称、证件号码等；

4）账务类：开户银行、开户账号、账户名称等。

（2）操作说明：

1）点击登录系统，进入业扩接入/其他业务/客户基础信息维护/客户基础信息维护。

2）点击【客户查询】按钮，进入客户查询界面。

3）输入客户编号等检索条件，点击查询，可以查询到符合条件的客户。

4）选择客户信息，点击确定，可以把客户信息带入主界面。如图 4－138所示。

图 4－138

5）打开证件信息界面，可以在此处增删、修改客户证件信息。点击保存，可将信息保存至后台。如图 4－139 所示。

图 4－139

6）打开地址信息界面，可在此处增加地址信息，在用用户地址信息不可删除、修改。点击保存，可将信息保存至后台。如图 4－140 所示。

图 4-140

7）打开联系人信息界面，可在此处增删、修改联系人信息，点击保存，可将信息保存至后台。如图 4-141 所示。

图 4-141

8）填写申请备注，点击【保存】按钮，保存申请基本信息。点击【发送】按钮，可以将流程推进到下一环节。

## ⬡ 第四节　本　章　小　结 ⬡

能源互联网营销服务系统（营销 2.0），上线于 2024 年 4 月，是国网吉林省电力有限公司按照国网公司统一部署，建设完成的新一代营销业务应用系统。本章未来让综合柜员岗位人员更好地使用新系统，围绕营销 2.0 系统的系统特征、创新突破和使用上的基本功能与业务应用功能实现等方面进行了系统的讲解。尤其是业务应用方面，结合综合柜员岗位工作内容，详细讲解了获得电力、计量计费和用电咨询等工作内容的二十一项业务的办理要求、流程和业务受理系统操作电能内容。

# 第五章 移动作业实施

## 🌐 第一节 移动作业概述 🌐

数字化供电所建设的移动作业，充分运用手机端 i 国网、网上国网"点、选、扫、拍、签"等功能，从员工视角出发，实现现场查询、装拆、过户、预警、调试、扫码等多类业务场景"一机完成、一次办结"。

（一）一键查询

在手机端快速查询客户、指标、设备、知识政策、工单等信息，提升现场信息获取效率，提前洞察客户需求，支撑业务同步办理，提升外勤人员作业效率及客户满意度。

（二）一键装拆

在手机端实现计量新旧设备信息自动录入、自动归档，一是避免因手工录入造成的计费差错，降低客户投诉风险。二是减少纸质单据携带，减轻外勤工作人员现场作业负担、避免内勤数据重复录入。三是通过"点、选、扫、拍、签"等极简式操作实现计量装拆现场一次办理，系统自动流转，提升现场工作人员装拆效率。

（三）一键过户

在手机端开展一键过户，实现勘察收资、档案变更、批量过户一次完成，减环节、减材料、减时长，有效提高营销客户档案准确性，提升客户感知，进一步优化电力营商环境。

（四）一键预警

实现客户诉求、客户用电、台区运营、员工调度、工单办理等各业务环节风险智能研判、主动预警，提升业务响应能力。一是客户需求及时洞察，存在风险提前预警，提升客户体验。二是当台区发生群体性风险及话务异动风险时，便于外勤人员提前干预，避免服务风险升级。三是实现现场作业风险实时推送，提高管理人员现场管控能力，减少人为因素造成的客户投诉。

（五）一键调试

在手机端实现调试任务自动下发、用电信息采集系统远程召测、现场组网调试，提高设备调试效率，减少外勤人员往返现场次数，确保现场工作一次办结，提高工作效率和客户满意度。

（六）一键扫码

通过打造规范二维码标准及一键扫码场景，在客户手机端实现扫码用电、扫码交费、扫码排队、扫码业务办理，在外勤人员手机端实现扫码认证、扫码收费、扫码代办业务，提升客户服务水平，降低基层业务办理难度。

## ● 第二节 移动作业现场业务开展 ●

### 一、现场作业安全要求

由营销服务人员进行的业扩报装、电能计量、用电信息采集、用电检查、分布式电源作业、智能用电以及综合能源等现场工作即为营销现场作业，包括电网侧营销现场作业和客户侧营销现场作业。客户侧的现场作业，存在多种潜在危险。这些危险可能会对作业人员的生命和健康构成严重威胁。这些危险包括接触带电线路和设备可能导致的电击和电伤、高处开展工作存在的坠落风险、用户设备突然启动或部件故障带来的生机械伤害等，因此开展现场作业时一定要保证作业安全。

#### （一）作业人员的安全要求

实施现场作用人员，应经医师鉴定，无妨碍工作的病症，且具备必要的安全生产知识，学会紧急救护法，特别要学会触电急救。

开展作业前，作业人员应被告知其作业现场和工作岗位存在的危险因素、防范措施及事故紧急处理措施。作业前，设备运维管理单位应告知现场电气设备接线情况、危险点和安全注意事项。

进入作业现场，所有作业人员均应做好个人安全防护，包括正确佩戴安全帽（实验室计量工作除外），穿全棉长袖工作服、绝缘鞋。

#### （二）安全措施

1. 组织措施

开展现场工作应严格落实安全责任并严格现场作业组织管理。保证现场作业安全进行的组织措施包括现场勘察制度、工作票制度、工作许可制度、工作监护制度、工作间断、转移制度和工作终结制度。

现场勘察：现场勘察应查看现场作业需要停电的范围、保留的带电部位、装设接地线的位置、邻近线路、多电源、自备电源、地下管线设施和作业现场的条件、环境及其他影响作业的危险点，并提出针对性的安全措施和注意事项。

根据现场勘察结果，对危险性、复杂性和困难程度较大的作业项目，应编制组织措施、技术措施、安全措施，经本单位批准后执行。

工作票：工作票是准许在电气设备上工作的书面安全要求之一，可包含编号、工作地点、工作内容、计划工作时间、工作许可时间、工作终结时间、停电范围和安全措施，以及工作票签发人、工作许可人、工作负责人和工作班成员等内容。现场开工作应严格执行工作票（单）制度。在公司所属变电站和具备条件的客户变电站的电气设备上作业必须填用工作票，在其他客户处工作必须使用《营销现场作业工作单》，并明确供电方现场工作负责人和应采取的安全措施，严禁无票（单）作业。工作票（单）实行由供电方签发人和客户方签发人共同签发的"双签发"管理。

工作许可：客户现场作业时，应执行工作票"双许可"制度。客户方许可人由具备资质的电气工作人员许可，并对工作票中所列安全措施的正确性、完备性，现场安全措施的完善性以及现场停电设备有无突然来电的危险等内容负责。双方签字确认后方可开始工作。

工作监护：现场工作负责人或专责监护人在作业前必须向全体作业人员统一进行现场安全交底，使所有作业人员做到"四清楚"（即：作业任务清楚，现场危险点清楚、现场的作业程序清楚、应采取的安全措施清楚），并签字确认。在作业过程中必须认真履行监护职责，及时纠正不安全行为。专责监护人不得兼做其他工作。专责监护人临时离开时，应通知被监护人员停止工作或离开工作现场，待专责监护人回来后方可恢复工作。专责监护人需长时间离开工作现场时，应由工作负责人变更专责监护人，履行变更手续，并告知全体被监护人员。

2. 技术措施

在电气设备上从事相关工作，必须落实保证现场作业安全的技术措施。由设备运维方按工作票（单）内容实施现场安全技术措施后，现场工作负责人与许可人共同检查并签字确认。保证营销现场作业安全的技术措施有停电、验电、接地和悬挂标示牌和装设遮栏（围栏）。

**（三）严格遵守生产现场作业"十不干"**

《生产现场作业"十不干"》是国网公司印发的现场工作安全要求，主要内容有：

（1）无票的不干；

（2）工作任务、危险点不清楚的不干；

（3）危险点控制措施未落实的不干；

（4）超出作业范围未经审批的不干；

（5）未在接地保护范围内的不干；

（6）现场安全措施布置不到位、安全工器具不合格的不干；

（7）杆塔根部、基础和拉线不牢固的不干；

（8）高处作业防坠落措施不完善的不干；

（9）有限空间内气体含量未经检测或检测不合格的不干；

（10）工作负责人（专责监护人）不在现场的不干。

## 二、低压业扩报装

### （一）低压居民新装增容

应用场景：通过 i 国网营销 e 助手签收工单，并前往作业现场。现场核对用户报装信息，并补充收资。勘察周边供电条件，开展现场勘察、计量设备装拆作业和终端调试，现场生成居民供用电合同、计量装拆单，并请客户签字确认的工作，低压居民新装增容业务的流程图见图 5-1。低压居民新装增容的现场移动作业主要完成现场勘察和装表接电工作。

（1）上门服务。从待办工单进入低压居民新装增容—上门服务。进入页面（图 5-2）后可查看报装信息，点击电话外拨按钮，直接打电话；点击导航按钮，按照提示跳转至四级地图导航功能。

（2）补充收资。按照系统提示，开展现场补充收资工作。

（3）现场勘察。

① 是否可供电选择。若是否可供电为"否"，则无需开展后续工作，直接发送。若可供电，则继续进行。

② 是否有工程选择。若是否有工程选择是，系统提示"工程是否已完成？"如果已经完工，则点击【已完工】。

③ 供电方案信心处理。核实并修改供电电压、核定容量、用电类别、是否执行峰谷标志等信息。点击【下一步】继续确认站、线、台。确认方式有三种（图 5-3）：

方式 1 扫描附近的电能表完成台区信息录入；

方式 2 通过模糊检索选择所需台区；

方式 3 通过方案辅助编制完成台区信息录入。

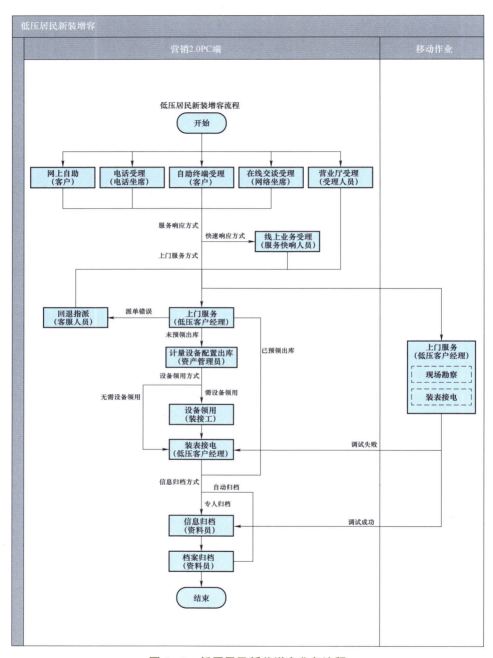

图 5-1  低压居民新装增容业务流程

图 5-2　上门服务页面

图 5-3　站、线、台三种确认方式图

线路信息确认后，扫描电能表资产编号，系统自动填充资产信息，并按照页面（图5-4）提示，完成互感器、集中器、计量箱的扫描，并确定安装位置和箱表关系。（计量资产需要提前预领）。

图5-4　计量资产信息

（4）合同签订。自动生成供用电合同、装拆单、现场勘察单，点击预览后，引导客户通过电子签名完成签字；若客户不在现场，可推送至其微信公众号小程序，引导客户签字（图5-5）。装拆单可以分享给客户微信或网上国网。点击【终端调试】，【下一步】按钮自动点亮，点击后进入文件签订页。

图 5-5 合同签订相关信息图

（5）装表接电。文件签字完成，点击【保存】按钮，回到列表页面，点击【提交】（图 5-6）。若系统提示"采集调试中，请稍后尝试"，则稍等一会再点击提交；若系统提示"采集调试失败！参考原因为：……"则需要按照提示解决现场问题后，点击"再次调试"，稍等一会儿再点击【提交】，直到提示"提交成功！"移动端提交成功后，PC 端自动回填流程环节信息，直至"空间关系拓扑"。

### （二）低压非居民新装

应用场景：通过 i 国网营销 e 助手签收工单，并前往作业现场。现场核对用户报装信息，并补充收资。勘察周边供电条件，开展现场勘察、计量设备装拆作业和终端调试，现场生成居民供用电合同、计量装拆单，并请客户签字确认的工作。其流程及在移动终端的操作过程与低压居民新装增容类似，但是签订的合同为低压非居民用电合同。

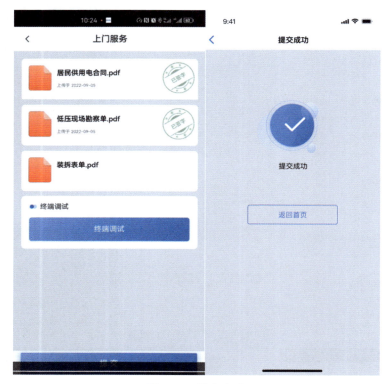

图 5-6　签字完成

## 三、退费审批

退费审批是指电网企业对用户提出的退费申请，按支付单退费、违约金退费、预收退费、明账款退费、营业外收入退费等进行处理的业务。

应用场景：综合柜员基于营销 2.0 对用户或业务受理员提出的退费申请进行审核。审核通过后，电费班班长、市县公司营销部主任、账务核算班班长等角色通过使用营销 e 助手查看退费用申请信息、线上完成申请审批、业务流转，退费管理流程见图 1。目前设计移动端支持退预收、按支付单退费、营业外收入退费、退业务费、退业务费暂存 5 种类型，本书以退预收举例进行讲解。

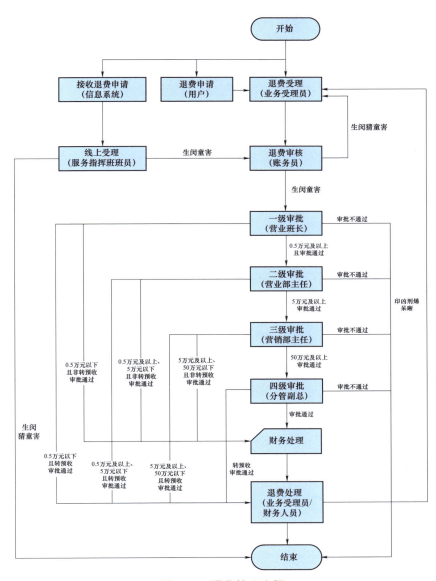

图 5-7　退费管理流程

## （一）退预收操作

### 1. 退费申请

### 2. 一级审批

一级审批是指电费班班长（县级）或账务核算班班长（市级）使用移动设

备，对 0.5 万元以下的退费申请进行审批，审批通过的提交财务审批；对 0.5 万元及以上的退费申请进行审核的工作。

（1）申请信息阅览。登录系统，从待办列表进入退费审批，可点击申请信息阅览当前退费申请内容，包括用户信息、退费账户信息、其他申请信息、申请附件等内容。如图 5－8 所示。

图 5－8　退费审批信息

（2）退费审批。在退费申请页，点击页面下方【同意】【不同意】按钮，快速完成审批操作。根据实际业务场景，退费用户信息和退费资金流水信息不会同时出现。

（3）审批进度。点击页面上方审批记录 Tab 按钮，查看当前一条退费申请的审批进度，包括环节、审批结果、审批时间、审批意见等信息。如图 5-9 所示。

图 5-9　审批进度

其他 4 类退费审批操作与退预收操作类似。

## 四、退补管理

应用场景：综合柜员基于营销 2.0 成功发起（用电）核算异常退补申请后，电费班班长、市县公司营销部主任、电费电价专责等角色通过使用营销 e 助手查看退补申请信息、线上完成申请审批、业务流转，电费退补流程见图 5-10。目前设计移动端支持退补电费、退补电量、全减另发 3 种类型，本书以退补电费举例进行讲解。

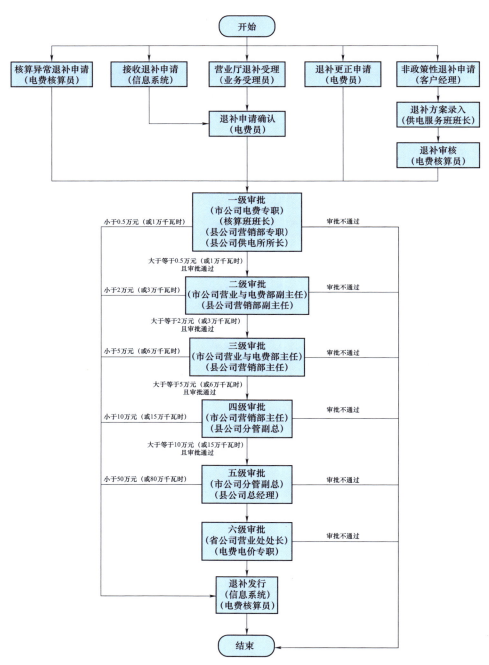

图 5-10 电费退补管理流程

**（一）申请信息阅览**

登录用户从待办列表进入核算异常退补审批，可点击申请信息阅览当前退补申请内容，包括申请人、处理分类、附件、退费用户情况等信息。

**（二）详情查看**

点击查看详情按钮，页面跳转至退补电费详情页面，支持查看某一用户计量点信息、退补电度电费、退补力调电费、退补基本电费、退补系统备用费、退补阶梯电费等信息。

**（三）快捷审批**

点击页面底部【通过】【不通过】按钮（图 5-11），快速完成审批操作。每一条核算异常退补申请仅支持批量审批。

图 5-11　快捷审批页面

**（四）审批进度**

点击页面上方审批记录 Tab 按钮，查看当前一条核算异常退补申请的审批进度，包括环节、审批结果、审批部门、审批人、审批时间、审批意见等信息。

## 五、合同履约管理

应用场景：客户经理通过 i 国网营销 e 助手接收合同履约管理工单后，进行现场调查，对现场违约、窃电情况进行调查。合同履约管理的流程见图 5-12。

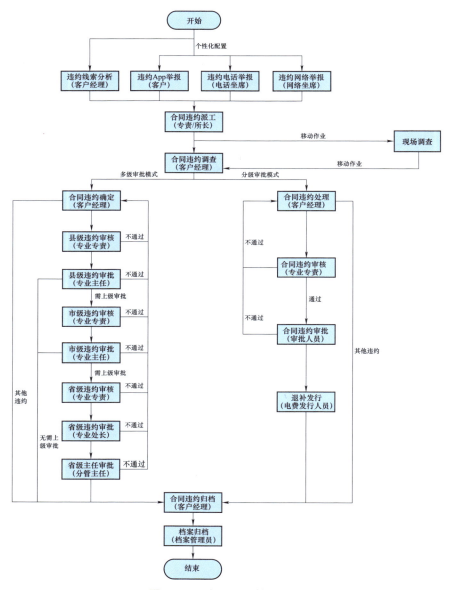

图 5-12　合同履约管理流程

（一）登录系统，进入合同违约调查页面

可点击电话外拨按钮，直接打电话；点击导航按钮，按照提示跳转至四级地图导航功能。

（二）调查结果处理

（1）无违约，则有无违约、窃电行为选择"否"，点击【下一步】，则直接提交到系统。

（2）有违约，则有无违约、窃电行为选择"是"，点击【下一步】，进行调查结果录入。勾选"窃电"或者"违约用电"，选择违约行为（支持多选），通过扫描用户电能表资产编号或输入用户编号的方式录入调查结果。点击下一步后自动生成违约用电通知书（图5－13），点击电子签名，引导客户签字；也可推送至其微信公众号小程序，引导客户签字。违约用电通知书可以分享给客户微信。

图5－13　违约用电通知书

265

提交成功后，营销2.0系统会自动生成"合同履约管理"工单并完成违约线损分析、合同违约派工、合同违约调查环节。无需回PC端重复处理。

## 六、违约窃电审查

应用场景：客户经理在日常工作过程发现用户违约窃电行为后，通过i国网营销e助手主动进行违约窃电现场调查的工作。

登录系统，进入违约窃电调查微应用，见图5–14。

图5–14 进入违约窃电功能

图5–15 录入调查结果

勾选"窃电"或"违约用电"，选择违约行为（支持多选），通过扫描用（发）户电能表资产编号或输入用（发）户编号的方式录入调查结果，见图5–17。

完成结果录入，点击【下一步】后，自动生成违约用电通知书，点击电子签名，引导客户签字；也可推送至其微信公众号小程序，引导客户签字。违约用电通知书可以分享给客户微信。

提交成功后，营销 2.0 系统会自动生成"违约窃电调查"工单并完成违约线损分析、派工、调查环节。无需回 PC 端重复处理。

### ⬡ 第三节　本　章　小　结 ⬡

数字化供电所建设背景下，现场移动作业大范围普及推广。本章针对现场移动作业的实现方式、开展现场作业的安全风险和移动作业终端应用的业务处理等方面开展，选取综合柜员岗位人员开展实际工作应知应会相关内容，进行了简要的介绍与讲解。